The SEAL
Operative's Guide

危急时刻如何绝处逢生

特工训练手册

100 Deadly Skills

九州出版社
JIUZHOUPRESS

[美] 克林特·埃默森（Clint Emerson） 著 诸葛雯 译

致读者

本书所介绍的各项技能之所以被冠以"致命"是有缘由的——诚然，它们会对他人构成威胁，但这并非唯一。这些技能皆由时常身处险境却训练有素的特工们所开发，它们超越了人类耐力、精巧度与智慧的极限。

你手握（或存于阅读设备上）的这本书涵盖了大量改编自特种部队且可付诸实践的内容。本着自卫的精神，我将它们分享给大众，其中不少只有在发生最为可怕的突发事件时才能派上用场。

一旦面临意想不到的危险，在多数情况下，撒腿就跑无疑是最安全的。若遇上移动狙击手（参阅第183页），（只要条件允许）就三十六计，走为上策——与其搏斗是最终的无奈之举。如果小偷想要你身上的贵重物品，那就给他们。要是世界末日真正降临……好吧，世事难料，一切皆有可能。

若你因使用本书所刊载的任何信息而受伤，不论你的操作是否恰当，本书的作者与出版商概不为此负责。教导出一群制造危险状况的公民并非作者的初衷，本书只希望在娱乐大众的同时，能够传授大量在最严重、紧急情况下可以派得上用场的知识。

为了生存，我们准备将自己推入何种境地？

为了生存，我们会做出怎样的抉择？

这将决定我们的命运。

不论需要忍受什么，我们都必须咬牙坚持，活下来并熬过去。

——贝尔·格里尔斯（Bear Grylls）

目 录
Contents

第四部分 监视：观察、跟踪与反侦察

第五部分 收集情报：音频与视频

第六部分 作战行动：抵抗、破坏、削弱能力

第七部分　抹除痕迹：无迹可寻

第八部分　撤退及逃脱：如何消失

前　言

　　人们总爱用极为丰富的语言来设想最糟糕的境况，但混乱与犯罪才是真正的末日之象。我们在头脑中描绘着外星人、冰冻苔原与星际战争的画面，可事实上我们一直在等待的灾难性事件，倒更有可能看起来像是昨晚报道的一则故意毁坏文物行径的平常新闻，又或是明天会在报纸头条中提及的大规模互联网封锁，抑或是某个穷凶极恶躲在废弃车库暗处的罪犯。真正的大难若是临头，满满一地下室的豌豆罐头与矿泉水还真不一定能起多大作用。

　　在未来，所有的陌生人都可能构成威胁，那么我们唯一能依靠的便是对侵犯者心态的了解。我们之中最为隐秘、危险的人会要出何种花招？如何发现并躲过身边的危险？我们从犯罪分子们那里倒是可以探得一二，或是更胜一筹，从全球最训练有素的专家们所撰写的书籍中汲取秘技。

　　本书中逐一破解的几十种绝招均来自特种部队。此等复杂组织由偏爱阴谋与危险的特工所组成——这些精英们，这些技艺精湛的战士们，他们肩负着在全球最具挑战性、最为凶险奸恶的环境下以身试险的重任，时常需要悄悄潜入世上最危险与动荡不安的地区，因此他们须集间谍、士兵与无法无天的反叛者于一身，十八般武艺样样精通。

他们是当代的动作英雄，是詹姆士·邦德与兰博的合体。有人称这些身手矫健的特工们为"凶猛游牧民"[①]（Violent Nomad），以此彰显这群人漠视国际边界、偏好快速而又残酷的任务的特质。

"凶猛游牧民"掌握的许多绝技都无法公之于众，否则便会带来严重的公共安全隐患。但其中也不乏大量求生技能，也许能在将来派上用场，因此倒是可以与大家一同分享。本书将每项技能分解成最为关键的几部分或行动步骤（Course of Action，COA），并在本节要点（Bottom Line Up Front，BLUF）中加以总结，从特工的角度具体阐明此间要点；大众要点（Civilian BLUF）则将此项技能的立场颠倒过来，概述普通人如何将这些特定技能作为武装自己、对抗侵犯者的防护措施。

作为前海豹突击队队员，我也曾在美国国家安全局（National Security Agency，NSA）待过数年。因此，团队协作也好，单枪匹马也罢，在20多年的职业生涯中，我曾在世界的各个角落组织参与过各项特种部队行动。本书汲取了从这些经历中所习得的经验，并融合了我在战斗与侦察中所悟到的心得。从躲避追捕到逃脱绑架，再到自卫反击，汇编起来的这些技能将指明一条通往生存的道路，并帮助克服无数艰险，它们甚至可以规划末日来临时的逃生蓝图。

　　整个世界越来越不安全，但你可以预先做好准备。不论你遭遇的是外星人入侵还是歹徒的袭击，若能将水瓶[2]或雨伞这类看似无害的物品用作武器并学会像"凶猛游牧民"那般思考与行动，你握住主动权的机会就能获得根本性的提升。

---

[1]　"凶猛游牧民"训练项目是作者创办的可供人应付各种攻击或危险的非动能擒拿（击杀）术项目，后文会将训练人员简称为行动特工或特工。——编者注
[2]　如果你对水瓶能造成的威胁产生兴趣，请翻至第87页。——译者注

第一部分
任务准备

001 揭秘"凶猛游牧民"

本书所教授的诸多技能均具备潜在的防御能力，此外介绍的特工的思维模式亦能使普通人获益良多。首先，这种思维模式的特征便是事先准备、保持警惕。不论是脚踏祖国领土还是顶着最隐蔽的伪装身处境外，特工们始终都保持着眼观六路、耳听八方的状态，即便是尚未接到任务也时刻警惕着威胁的出现。这种警觉使得特工们在面对突如其来的危险时能立即采取行动。普通人在经过训练之后，同样可以养成迅速反应的习惯，诸如在拥挤的餐厅中找到应急通路或不假思索地生出逃生计划。

跨越国界也好，实施监视也罢，又或者是在消灭危险目标后不着痕迹地消失，秘密特工们一向都是独来独往。他们发现自己时常得孤身一人身处敌后，因此在战斗技能与反间谍技能之外，还同样须具备复杂的风险评估及分析能力。在这个日益危险的世界，能适应潜在风险（尤其但不仅限于旅行风险）的普通人必将先人一步。

特工们也都有一种隐藏个性特征的基本倾向。所有秘密特工均接受过"蛰伏"的训练。在执行任务的漫长时期内，他们与同僚沟通的次数屈指可数。低调行动时，可能会装扮成学生、商人或游客的模样，因为他们深知恐怖组织或潜入国政府可能已经被盯上了——万一被认作间谍继而被捕，等待的便是羁押与残酷的审讯。此外，旅客的身份也很容易使他像所有出国旅游的百姓那样，成为轻微罪行及绑架的目标对象。为应对这种风险，特工们就需要保持一种尽量不引人注意的形象。通则就是越不显眼越安全。

鉴于任务的绝密性，特工们常会不遗余力地确保自己能融入周围环境。精心打造的外形使他们在行动时能逃过潜在证人、潜入国警察及安保部门的眼睛。但除了毫不起眼的外貌，他们的衣物和装备必须能够巧妙地隐藏行动或逃生所需的工具。（例如，腰带、裤脚及鞋舌都是暗藏手铐钥匙和刀片的理想之处。）

沛纳海（Panerai）等品牌结实耐用、制作精良，而且看上去十分亲民，因此尤受特工们的青睐。由于要随时准备逃命或打斗，他们会选择配有凯夫拉尔（kevlar）^①鞋带的包头鞋，藏起武器并将逃生工具分散置于全身衣物各处。即便不吸烟，也要随身携带打火机和香烟，因为它们可用作逃生工具或起到分散注意力的作用（参见第105、170及171页）。LED手电筒是在黑暗中保持照明或发出求救信号的必备之物。

提到装备，特工们所准备的物件与影迷心中预想的相去甚远。因为登上民用飞机时无法身藏武器或将高科技间谍设备藏于行李之中，秘密特工们更喜欢完全就地取材，制作"毫无科技含量"或"技术含量极低"的工具。尽管在文学作品中，间谍们的手中总少不了各种光鲜复杂的新奇装置，但在现实世界里，所有的高科技工具都会增加他们被拘留或逮捕的风险。因此，特工们要学会如何利用潜入国现成的工具和技术来适应、凑合应付并克服各种技术障碍。举个例子：每家酒店的床头柜抽屉中都放有《圣经》或《古兰经》，用胶带将几本书绑在一起，就能制成一副简易防弹衣。

尽管特工的通讯工具往往很高端，但他会对网络安全保持高度警惕。特工们会不惜一切代价，避免留下任何数字信息的痕迹，因为他们知道，从根本上，一切网络交流都不安全。在如今的时代，对任何接入了Wi-Fi并且心怀不轨的第三方而言，攻击你的储蓄账户及获得朋友和家人的位置简直易如反掌。对于这种事，怎样预防都不过分。

No. 001: 揭秘"凶猛游牧民"

作战思想：巧妙隐藏求生及逃跑工具，降低遭遇危险的风险。

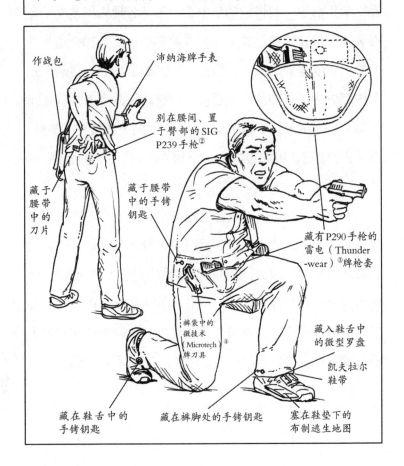

作战包

沛纳海牌手表

别在腰间、置于臀部的 SIG P239 手枪②

藏于腰带中的刀片

藏于腰带中的手铐钥匙

藏有P290手枪的雷电（Thunder -wear）③牌枪套

裤裆中的微技术（Microtech）④牌刀具

藏入鞋舌中的微型罗盘

凯夫拉尔鞋带

藏在鞋舌中的手铐钥匙

藏在裤脚处的手铐钥匙

塞在鞋垫下的布制逃生地图

本节要点：

融入人群之中，但枪械与现金不能离身。

买不到的装备可以其他简易物品代替。

大众要点：

普通民众若能像特工那样，擅于将自己淹没在茫茫人海之中，将会受用不尽，旅行时尤其如此，要选择中性、实用的服装及配饰。置身于变化无常的城市危机中时，亮色与醒目标志很容易成为枪械瞄准的目标。

---

① 一种用于制作防弹衣的纤维材料。将该材料添加进鞋带后，可有效提高鞋带的强度。——译者注

② 瑞士轻武器公司为个人防身所设计的半自动手枪。——译者注

③ 藏于裤裆处的多用枪套品牌。——译者注

④ 高级刀具品牌。——译者注

002　准备随身装备包

　　尽管普通人多会从保障生命的角度来做应急准备，并因此将保证食品与水的供应（藏于地下室深处）的重要性摆在准备武器与逃生工具之前，但在做真正的应急准备时，我们应意识到，首先要去应对现代世界的暴力。特工们会携带三种不同类型的随身装备（EDC）包，以确保能够应对随时可能出现的突发状况。这些装备包均能协助其完成使命、避开危险。不论是否真有派上用场的那一天，一旦面临包括环境灾难、恐怖袭击及独狼式袭击在内的各种意想不到的威胁，这些随身装备包就能令你占据优势。

　　在穿越潜在敌对领土或经历动荡时期时，特工们会将能保障生命供给及人身安全的物品分层放置于衣物及外套各处；万一主要武器被人缴走，也能神不知鬼不觉地为自己留好后手。逃生工具尤应分藏于全身各处。这样一来，即便在羁押的状态下，仍有部分工具能够发挥作用。

　　重要武器、逃生及藏匿工具以及一部"黑"（秘密）手机应放入最基本的工具包——"口袋包"里。不要将它们收纳至一只袋内或藏于一处，而应将其分藏至全身的衣物中。手枪应插入别在腰间的枪套内，这样最便于拔取。（若想获取有关从枪套中拔出武器的小窍门，请参阅第153页。）应急通信设备必不可少，但其他工具就因时而异了。救援人员也许正在途中，斑马牌（Zebra）不锈钢钢笔可用来为他们留下讯息，同时也是不错的攻击武器。可以将手铐钥匙、手电筒与车钥匙或酒店房卡串在一起，如遇绑架或拘禁，它们就可能成为你的救星；还可将备份的手铐钥匙暗藏于衬衫袖口或拉链拉头，以防衣服口袋被搜。一些特工还会塞上口腔防护器，这在肉搏战中至关重要。

当特工的主要武器及（或）作战包被缴时，通常塞在夹克衫或作战包内备用的"容器包"（见图）就能派上用场。这个小小的工具包被挤得满满当当，内有小型简易武器（包在手帕中的硬币）、可适应不同环境的各种导航设备（照明灯及手持式GPS设备）以及能为你打开通往信息、食物或庇护所大门的撬锁工具。在行动区域内购置一套侦查用的钥匙原坯，这样一来，你就能在破门侵入各种场合时占尽优势。耐用且不显眼的硬质太阳眼镜盒最适宜作为此种容器包。

最后就是作战包了。也许在受到监视或遭遇攻击时，你会选择跑路，因此包里要装一只可折叠的空背包及换洗衣物，颜色应与身着衣物相反，甚至要将鞋子也考虑进去——如果你脚踏的是运动鞋，就在包里放上一双橡胶凉鞋。存有高度机密数据的拇指驱动器或SD卡要塞进暗袋。

No. 002: 准备随身装备包

作战思想：获取、整合特定物品，装配随身装备包。

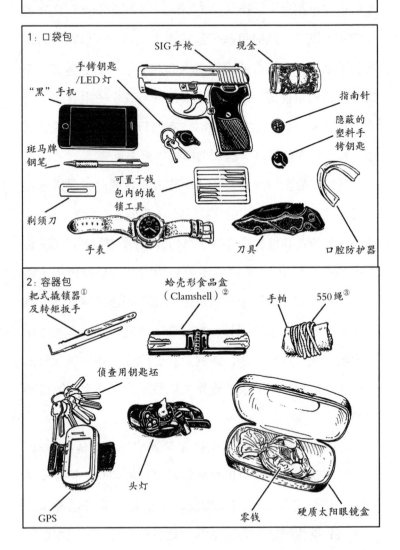

1：口袋包

SIG手枪

现金

手铐钥匙 /LED灯

"黑"手机

指南针

隐蔽的 塑料手 铐钥匙

斑马牌 钢笔

可置于钱 包内的撬 锁工具

剃须刀

手表

刀具

口腔防护器

2：容器包
耙式撬锁器① 及转矩扳手

蛤壳形食品盒 （Clamshell）②

手帕

550绳③

侦查用钥匙坯

头灯

GPS

零钱

硬质太阳眼镜盒

3：作战包（男士挎包）——零迹（Zero Trace）④牌邮差包

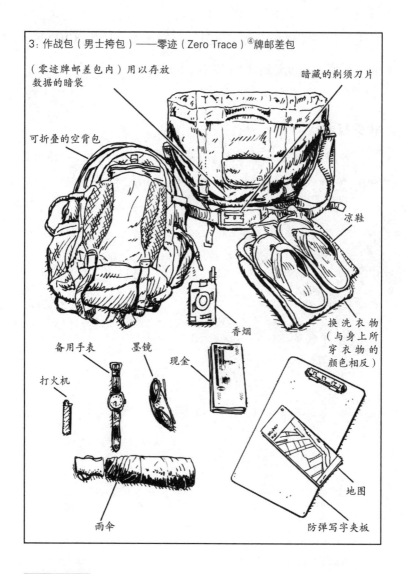

（零迹牌邮差包内）用以存放
数据的暗袋

暗藏的剃须刀片

可折叠的空背包

凉鞋

香烟

换洗衣物
（与身上所
穿衣物的
颜色相反）

备用手表

墨镜

现金

打火机

地图

雨伞

防弹写字夹板

本节要点：

　　人生变幻莫测。随身装备包能使你在面对未知世界时
占据上风。

凯夫拉尔写字夹板看似不显眼，却能当成简易防弹甲来用，而一沓现金则能让特工们维持到危机解除。

相关技能：

　　第13页，准备车载工具袋；第214页，快速伪装；第28页，利用应急防弹衣；第31页，寻找紧急防弹掩体。

---

①　一种撬锁的工具，外形见图。——译者注
②　尤指麦当劳或汉堡王等快餐店用来包装三明治的泡沫塑胶盒或硬纸盒。——译者注
③　也叫降落伞绳，是一种较轻的尼龙制编绳，由美国伞兵在"二战"中首次使用。因其至少能承重550磅（约500斤）而得名。——译者注
④　专为海豹突击队设计旅行用品的品牌。——译者注

003 准备车载工具袋

　　特工们无法奢求回基地置办食品或弹药。因此，对这些享有充分行动自由的人而言，行动效率就取决于行动前的准备程度，而准备往往就意味着要做好最坏的打算。在国外执行任务时，特工们接到行动指令后的要务之一就是准备一只工具袋。万一遭遇紧急情况，它（亦称"逃生包"）将成为重要的生命保障系统。如果特工必须在继续行动或安全撤出行动区前"蛰伏"，袋内所装入的物品就要满足此期间他的生活所需。

　　工具袋通常装有足以维持一两天生存所需的物品——水、食物、现金、紧急医疗用品、导航设备及一部犯罪分子所熟知的"黑"手机或隐蔽使用的手机。位于驾驶座的司机必须很容易够到藏于行动车辆内的工具袋，因此，中央扶手箱（介于主、副驾驶座间）或座椅下方就适宜隐藏工具袋。（万一行动车辆在与袭击者撞击后翻车，特工应伸手便能够拿到此袋。）工具包，顾名思义，必须轻巧且便于携带，罐装食品及其他较重物资则不易带上路途。

大众要点：

在日常生活中，工具袋可作为预防灾难的措施——不仅居住在自然灾害高发地区的人们应该准备，任何警惕城市灾害或恐怖主义威胁的人也同样不能忽视它。

No. 003: 准备车载工具袋

作战思想: 危机来袭时能随时转移。

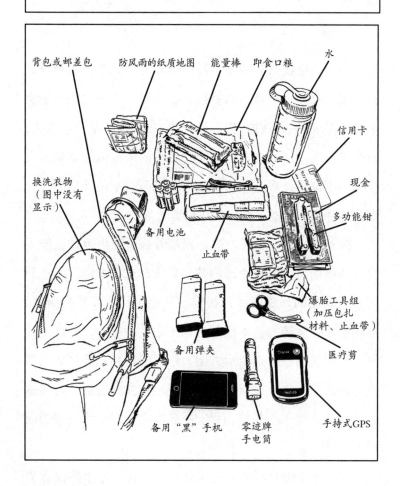

背包或邮差包　防风雨的纸质地图　能量棒　即食口粮　水

信用卡

换洗衣物
（图中没有
显示）

现金

多功能钳

备用电池

止血带

爆胎工具组
（加压包扎
材料、止血带）

备用弹夹

医疗剪

备用"黑"手机　零迹牌
手电筒

手持式GPS

本节要点:

应在结实的工具袋内装入能维持一日生存所需的物品。

004　制作隐蔽式指南针

处于隐秘状态下的特工往往需要易于隐藏又实用可靠的低端替代品——就指南针而言，一对简单的磁铁就能满足这项要求。一旦被捕，特工身上的GPS设备可能会被收缴；而在某些行动区域内，一个手持GPS的人也可能非常引人注意。不论身处多么遥远的地域，隐蔽式指南针都能为行走在这片未知土地上的特工提供有效导航。

在发达国家，随便走进一家户外探险商店也许就能买到迷你指南针，但在地球的其他角落却未必如此。不过利用多数国家的现成资源，很容易便能制作出简易指南针。推动指南针运转的基本机制是稀土磁铁的磁力，简易工具可以利用这种磁力来指示方向。用绳子将相互吸住的两节磁力杆吊起，放入地球磁场进行校准。如此这般，这些磁力杆就能成为天然的指南针；一端指向南方，另一端指向北方。

购买稀土磁铁可能会招来怀疑，因此，本书建议你去寻找成对的冰箱贴、白板磁扣或手提包磁扣等不容易引起别人警惕的产品。所有简易工具都必须经过彻底测试，以免在逃匿过程中指南针出现指向不准的情况。

大众要点：

制作标准的指南针（见图）需要一对稀土磁铁杆及一段凯夫拉尔线（因为该种线材经久耐用），而若将磁化后的针穿过软木塞并将其浮于水上，也能实现类似效果。

No. 004: 制作隐蔽式指南针

作战思想：制作并隐藏一个绝不会失灵的备用指南针。

步骤1：与商店销售的成品相比，简易指南针更不显眼，很容易利用普通工具制作而成。

凯夫拉尔线

稀土磁铁杆

步骤2：剪下6英寸（1英寸约为2.54厘米）多的凯夫拉尔线。将其紧紧夹在稀土杆之间。

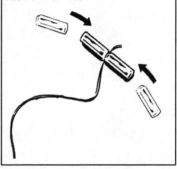

步骤3：摆动磁铁杆。用指南针找到指向北方的磁铁杆。用记号笔进行标记。

步骤4：指南针要小到可以缝入裤脚的卷边，这样一来便可藏各处。

本节要点：

导航设备性能不佳是导致逃脱后再次被捕的头号因素。

005　制作应急隐藏式枪套

身处行动区域的特工们极擅长通过地下渠道来获取武器，因为在未获得原属国及目的国双方许可的情况下，枪支及其他军需品无法跨境运输。

不过，像隐藏式枪套这类专门的设备通常更难获取。若企图通过走私获得枪套，特工们必定会遭海关扣押，陷入不必要的麻烦。

为保持低调，他们往往尽可能轻装上阵，并且会利用现有资源满足任务需求。尽管这种极简主义的倾向为他们带来了挑战，却不会使其落入不利的境地，因为许多就地取材制作而成的工具——包括枪套在内，比工厂生产的成品效果更好。

市售枪套通常不易于隐藏。它们款式笨拙，无法弯曲，叫人一眼便能看出特工们在腰间别了支枪，而且藏在这种枪套内的枪支不容易迅速拔出。

若是无法快速、顺畅地从枪套中拔出，手枪便将沦为特工的致命负担。因此，枪套的选择至关重要。

用铁丝衣架与胶带制成的简易枪套几乎不会增加手枪的体积，并且可确保特工不受任何阻碍快速地拔出枪。

相关技能：

参见第153页，如何拔出夹藏的手枪。

No. 005: 制作应急隐藏式枪套

作战思想:利用铁丝衣架制作隐藏式枪套。

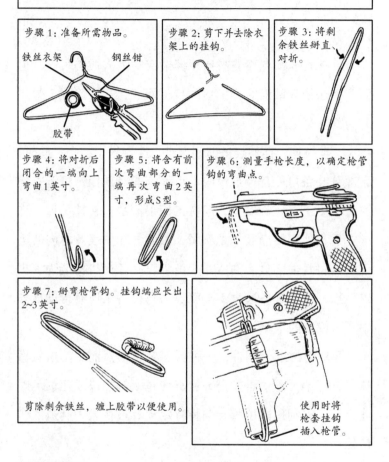

步骤1:准备所需物品。

铁丝衣架　钢丝钳

胶带

步骤2:剪下并去除衣架上的挂钩。

步骤3:将剩余铁丝掰直、对折。

步骤4:将对折后闭合的一端向上弯曲1英寸。

步骤5:将含有前次弯曲部分的一端再次弯曲2英寸,形成S型。

步骤6:测量手枪长度,以确定枪管钩的弯曲点。

步骤7:掰弯枪管钩。挂钩端应长出2~3英寸。

剪除剩余铁丝,缠上胶带以便使用。

使用时将枪套挂钩插入枪管。

本节要点:

上好的隐藏式枪套也能为手枪提供支撑与保护。

006   隐藏逃生工具

所有旅客都有遭遇被捕、绑架或劫为人质的可能，但对于无法依靠政府脱离困境的特工而言，这种险境就显得尤为真实可怕。

一旦被捕，他们会被即刻搜身，武器铁定被缴。此时，大部分装备可能都会被没收。也许一段时期内，藏于衣物内的逃生工具还算安全，但特工们很清楚，在被关押了许久之后，他们终会被扒光衣服，因此藏在体表及体内的逃生工具将是他们最后的依靠。由于没有任何机构能为其提供后援，自主准备逃生工具就成为每位特工所有行动计划中不可或缺的重要部分。

面对血淋淋的绷带，一种厌恶感会油然而生。这就意味着，绑架者不太可能仔细检查你身上的伤口或疤痕。因此，特工可利用医用胶合剂将特定工具粘在人为制造的伤口处。

没有哪个绑架者会愿意去搜、拍或探向被拘者的阴部——这会让人感觉很不自在，因此也成了特工们可以钻的空子，他们由此能将逃生工具藏在腋毛或阴毛中。体内藏物处既可以像在阴茎（尿道和包皮）、阴道、直肠、鼻孔、耳朵、嘴和肚脐处的栓剂那样精巧，也可以像几乎无感的避孕套这般简单。注意：这一点对特工很有利，可一旦他或她被转至拘禁与安保级别更高的地方，这种优势便会很快消失。

相关技能：

　　参见第25页，创建直肠填塞管。

No. 006: 隐藏逃生工具

作战思想：在体表及体内隐藏逃生工具。

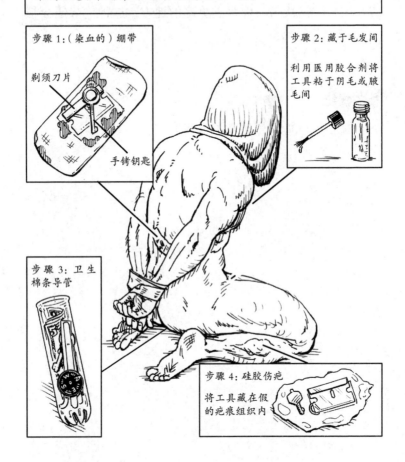

步骤 1：（染血的）绷带

剃须刀片

手铐钥匙

步骤 2：藏于毛发间

利用医用胶合剂将工具粘于阴毛或腋毛间

步骤 3：卫生棉条导管

步骤 4：硅胶伤疤

将工具藏在假的疤痕组织内

本节要点：

妥当隐藏的工具能增加成功逃脱的几率。

007　创建直肠填塞管

　　如果特工因执行被捕可能性很高的某项任务，他们就须做好准备，以防遭遇拘禁、搜身并被缴去所有置于明处的武器。如此一来，求生之道便只剩下一种：将武器与逃生工具藏于体内。

　　导航工具、钱、逃生工具，甚至是碎冰锥这类临时应急武器（如图所示）均能藏进可插入肛门的卫生棉条导管或铝制雪茄管中。

　　利用直肠藏匿非法物品或武器的做法在贩毒与恐怖主义这类暗黑世界中极为普遍。不过，特工们对这项技术也不陌生。若在执行高风险任务时身处最危险区域，也不失为一种极端的自保措施。

　　令人惊讶的是，高科技检测手段竟然无法检测出以这种方式隐藏的物品。全身扫描仪在探测到金属及其他违禁品时，会在人体上反射出电磁波。虽然它的低频雷达能探测到伸出体外的武器，却无法穿透皮肤或骨骼。

　　即便是X光拍摄也无法很好地显示出隐藏在人体组织中的物品。这些物件在用于医疗环境的核磁共振成像仪上会呈现出阴影。但考虑到阴影的位置，它们很可能被误认为是粪便。

注意：所有的简易容器都必须防水、无毒、光滑并且保持上端密封。

No. 007: 创建直肠填塞管

作战思想：将救命工具藏于体内。

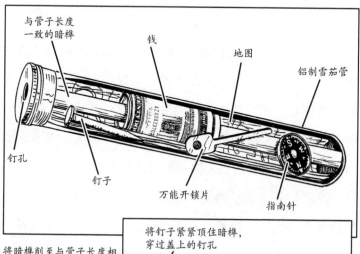

与管子长度一致的暗榫

钱

地图

铝制雪茄管

钉孔

钉子

万能开锁片

指南针

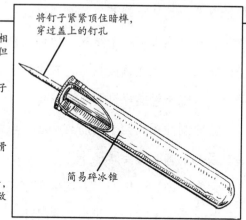

将钉子紧紧顶住暗榫，穿过盖上的钉孔

简易碎冰锥

将暗榫削至与管子长度相当——能紧插入管内，但仍可完全拧紧管盖。

在管盖上钻一个足够钉子穿过的孔。

在管内装入工具及钱。

涂抹植物油或其他润滑剂，将管子插入直肠。

准备逃离时，取出管子，将其变成碎冰锥。锁定敌人咽喉。

本节要点：

劫持者可能会觉得搜查体腔很恶心，可以对这一点加以利用。

008　利用应急防弹衣

　　不论是身处与武装目标的激战，还是陷入社会动荡时期的交火，特工们时常需要防弹衣的保护。虽然政府所发放的防弹衣防护效果最佳，但由于具有可追溯性，执行秘密任务的特工们并无权使用。为了生存，他们必须了解如何利用日常物品及材料来组装简易防弹衣。

　　将百科全书及字典这类精装书用胶带紧紧绑在一起，便能制成可消耗子弹能量的刚性捆扎包或板。瓷砖很容易买到，将其用胶带绑于每块刚性板的外侧，就能形成额外的保护层。以此法制成的防弹衣可藏于夹克或外套内，又或者塞入邮差包或背包中，便于携带。

　　这些刚性板应挂于胸前与胸后，以保护"质心"——脊柱及心、肺等重要器官。

　　通常来说，市售的凯夫拉尔写字夹板可以防住直径为9毫米的手枪子弹，提供额外的保护。写字夹板重量轻、便于携带，涂上亚褐色漆后便丝毫不会引起别人的警惕。即便是边境或机场的安检，也能安然通过。

　　简易防弹衣必须达到一定厚度才能减缓或阻止子弹的冲击，与此同时，它也必须足够轻薄才适合穿戴。特工们也许能利用手头的材料，组装出一件厚度足以挡住子弹的简易防弹衣。手枪子弹的飞行速度较慢（直径9毫米子弹的速度为每秒1100英尺，约合335米），速度较快的步枪子弹（直径5.56毫米子弹的速度约为每秒3000英尺，约合914米）则需要更多的防弹材料。不过，特工们永远也不清楚自己将会面对什么，因此他们往往会按照最糟糕的情况来做准备。

No. 008: 利用应急防弹衣

作战思想：利用日常物品制作应急防弹衣。

步骤 1：准备精装书、强力胶带和瓷砖。

步骤 2：用胶带将两本或两本以上的书籍绑成一块板。这样的板需制作两块。在板的外层各绑一层瓷砖。

瓷砖

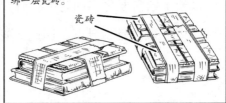

步骤 3：加上胶带制成的肩带，制成防弹衣。

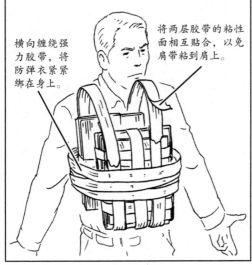

横向缠绕强力胶带，将防弹衣紧紧绑在身上。

将两层胶带的粘性面相互贴合，以免肩带粘到肩上。

步骤 4：进行跳跃测试，必要时增加胶带数量，使其更牢固、结实。

本节要点：

退而求其次，特工们可用精装书来实现防弹的目的。

009　寻找紧急防弹掩体

子弹呼啸而来时，生存的几率就取决于你在瞬间所做的决定。是依靠受过的教导来做选择，还是在激战或逃跑中无意识地乱窜，意味着安全与重伤或死亡之间的区别。

寻求庇护是人类普遍的本能，但在本能之外，我们还须理解弹道学与日常材料之间的关系。一旦双方交火，由密纹木材、混凝土、钢铁和花岗岩所制成的物品便是躲避子弹的首选——这些厚重的材料能挡住子弹保你一命。石膏灰胶纸夹板墙也许可用来藏身并因此降低袭击者的射击精度，而且看上去也十分坚实，但这些墙板还是会被子弹穿透。即便是0.22口径的小型手枪也能打穿这种墙体。此外，混凝土柱或钢柱能提供更好的防弹保护，尽管相对而言，它们的遮挡面积有限。

在紧急情况下，也可将这些原则应用于日常环境中的许多物品上。花岗岩台面的桌子、混凝土花盆及钢制电器等都符合这一要求。工作台面、书桌以及酒店客房中的桌子多由花岗岩或钢材制成。而一些看上去似乎很结实的日用品实际上是由经不起火力攻击的轻质材料所制成的——邮筒和垃圾桶一般由铝材制成。笨重的自动贩卖机主要由玻璃及塑料装配而成。汽车中含有部分钢材，但这种极轻的钢材无法提供充分保护；如果别无他选，你可以躲在发动机的那一侧，但不要选择空空如也的后备箱，再另外将一层紧密结实的材料挡在枪手与自己之间。

相关技能：

参见第28页，利用应急防弹衣；第185页，从移动狙击手的枪下逃生。

No. 009: 寻找紧急防弹掩体

作战思想：清楚交战时应躲于何处。

1：能减缓或阻止子弹运动的材料。

密纹木材　混凝土　钢铁　花岗岩

3：位于家中或公共场所时，能识别出可临时用来防弹的物品。

花岗石台面的桌子　不要使用沙发

汽车引擎部　不要躲在行李箱处

混凝土花盆　不要躲在垃圾桶后

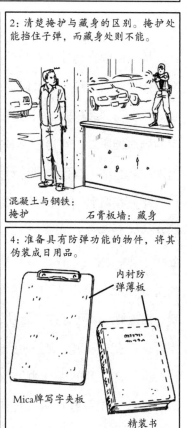

2：清楚掩护与藏身的区别。掩护处能挡住子弹，而藏身处则不能。

混凝土与钢铁：掩护　　石膏板墙：藏身

4：准备具有防弹功能的物件，将其伪装成日用品。

内衬防弹薄板

Mica牌写字夹板

精装书

本节要点：

　　始终选择可以掩护而不是能够藏身的地方；在掩护点之间迅速移动。

010 "凶猛游牧民"训练计划

　　特工们曾在地球上最艰苦的条件下接受过训练。为模拟真实作战的艰辛环境，残酷的障碍训练及演习是每位特工的必修课。在训练中，他们必须战胜缺觉造成的困倦或闯过真实的爆炸场所。一旦通过了基本训练，他们便会将"跑、打、跑"的理念纳入自己的训练计划，以时刻保持临战状态。

　　反复举哑铃可以练就一身肌肉，但这种力量无法使他们在崎岖地带经历艰难追逐之后，还有余力在肉搏战中击败袭击者，因此相较于锻炼肌肉的练习，特工的训练更重视实战技能及自卫能力。传统的力量训练及心肺锻炼自有其一席之地，但只有将"跑、打、跑"的观念融入日常训练，才能练就在打斗和（或）追逐中拖垮对手的耐力。

　　跑、打、跑的训练由综合性的反复击打练习与冲刺跑锻炼组成，无需健身房或任何复杂设备。一处可用于冲刺跑的场所以及一个便于携带且可用于击打的物体（最好是沉重的拳击吊袋）便足矣；拳击吊袋专为击打而设计，用途极为灵活，深蹲、硬举、负重及推举时皆可使用。训练者还可以练习将重包掷出，砸向地面，就像多数战斗的结局中击败敌人的场景。

大众要点：

利用较重的袋子进行多项目的综合训练，在两个练习项目间进行冲刺跑。训练强度需随时间的推移逐渐增强，此时可增加训练时长与携带物的重量。较为适宜的训练目标是能将3分钟连续击打与7分钟冲刺1英里的这套练习重复三次。

No. 010:"凶猛游牧民"训练计划

作战思想:通过一系列训练计划来模拟作战环境。

将拳击吊袋悬挂,重击1分钟

冲刺半英里(1英里约为1.61公里)

将拳击吊带置于地面,重击1分钟

冲刺半英里

抱紧重袋,行走1分钟

冲刺半英里

本节要点:

　　"跑、打、跑"的理念可以培养肉搏战中的耐力。

第二部分

渗透活动：深入敌后

011　从海路潜入敌界

　　全球的走私犯与难民都很清楚，即便是最安全的国家，其海上边境也有不少漏洞。特工们总试图让自己的行动谨慎、隐秘，因此，如果地形适宜，他们往往偏爱使用直升机空降入境。

　　从慢速飞行的直升机上纵身跃入冰冷的大海是一项危险的高级技能。即便处于悬停状态，直升机也能形成飓风般的气流，产生能遮蔽视线的迷雾和刺痛皮肤的喷射水流。练习空降技能极为重要，而且若想从直升机跳进漆黑的海洋，就需要直升机在适当的高度下以安全的速度前进。只有遵守特定规程，特工才不至于在此过程中丧命。如果直升机距海面20英尺（1英尺为30.5厘米），其前进速度就不应超过10海里/小时；位于距海面10英尺处时，前进速度则不应超过20海里/小时。这就是所谓的"10-20，20-10"原则。

　　身体姿势正确（如图所示）则可防止受伤，并且要确保入水时承受冲击力的是脚蹼（而非任何凸出的人体部位），潜水面罩也不会因此冲掉。尽管海面空降时禁止使用重型潜水设备，但潜水衣、面罩或护目镜、脚蹼和充气式救生衣则不可或缺。所有的其他装备都必须放入防水背包或"干式袋"中，用短绳绑在特工身上，防止其沉入深暗的海底。背包内应装入完成此项任务所需的各项装备，比如能使特工融入行动区的换洗衣物、额外武器以及一把手铲等。MP7冲锋枪是特工的主要武器，装袋时冲锋枪应已压满子弹，并且枪栓向前推；将避孕套罩在枪口，这样既能防止海水灌入枪管，又不会阻碍子弹出膛。

将"干式袋"搭于肩膀之上。这样一来，万一特工在水中遇险，就能很快脱下装备。"干式袋"如果捆扎得过于结实，就可能会妨碍到特工游泳，致使其溺水。

为了游至岸边，特工会采用双臂交替划水的战斗式泳姿。该泳姿属于侧泳的一种，游泳时手臂不伸出水面，整个身体露出水面的程度最小。上岸之后，他们会换上干衣物，用手铲挖坑藏起装备。

No. 011: 从海路潜入敌界

作战思想: 神不知鬼不觉地穿越海上边境。

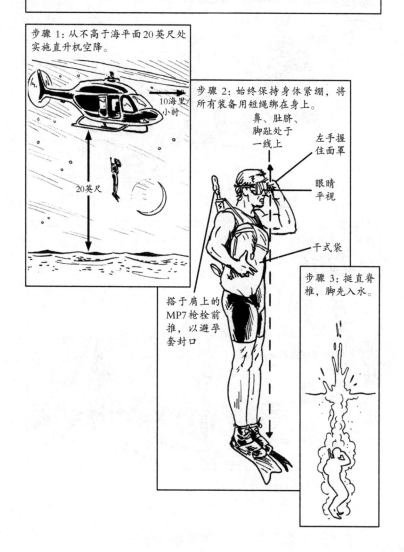

步骤 1: 从不高于海平面20英尺处实施直升机空降。

10海里 小时

20英尺

步骤 2: 始终保持身体紧绷, 将所有装备用短绳绑在身上。

鼻、肚脐、脚趾处于一线上

左手握住面罩

眼睛平视

干式袋

搭于肩上的 MP7枪栓前推, 以避孕套封口

步骤 3: 挺直脊椎, 脚先入水。

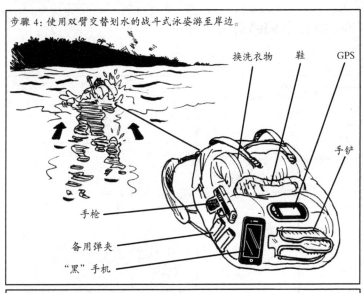

步骤 4: 使用双臂交替划水的战斗式泳姿游至岸边。

换洗衣物　鞋　GPS

手铲

手枪

备用弹夹

"黑"手机

步骤 5: 更换衣物, 藏起游泳装备。换上能融入当地环境的衣物。

埋好（藏起的）游泳装备

本节要点:

特工可从无人守卫的海滩很容易地潜入国境。

012 由空路进入敌区

提起非法越境，多数人的脑海中都会浮现深藏于地下的隧道，通过给黑向导的通行费过境以及奔赴偏远铁路小站的大篷车等画面。但"凶猛游牧民"们往往需要孤身一人跨越国境，因此无论从海路（第39页）、陆路（第46页）或是空中，监管最为松懈的无人看守区就成了最佳选择。特工若是在夜色掩护下从某国的荒凉角落入境，这种渗透活动根本就不会被人发现。

对于训练有素的特工而言，空中进入国境要分两部分：既要调拨无人值守的私人飞机，又要身着滑翔衣、背负降落伞跃下机舱。

国际公法规定，距海岸线12海里（在中国，1海里约为1.852公里）内的海事领空应属国际规则的管辖，并且该准则规定，但凡有意入境者，都须事先通知入境国。一旦进入敌方领空，飞机就必须尽量"隐身"，应关闭通信设备，以免敌方空中交通管制塔留意到它的存在。

以滑翔与跳伞相结合的方式空降至乡间是最为安静也最不易被发现的入境手段。确认着陆点后，在计算跳跃点时需要用到一个定则：身穿由无孔尼龙制成的滑翔衣从行驶中的飞机上跃下时，每下降2.5英尺就会向前滑行1英尺，顺风时则会滑行更远的距离。实际上，滑翔衣将特工变成了一只依靠双腿与胳膊来控制方向的人体风筝，与飞机的飞行原理接近。开伞后下降速度会变缓慢，并且更易为人所见，因此，不到最后一刻，"凶猛游牧民"绝不会轻易拉开伞包。

落地后，可将尼龙滑翔衣与降落伞熔化成一小块玻璃状的圆珠。

No. 012: 由空路进入敌区

作战思想：经由无人监管的领空潜入敌国境内。

步骤 1：在一万英尺的高空，驾驶世界上最为常见的机型——塞斯纳 152 飞入距目标国或目标区域 12 英里的范围内。

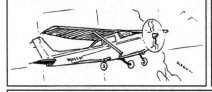

步骤 2：关闭所有无线电通信设备、灯光与应答机。

步骤 3：飞机平飞向大海或乡间。跃出机舱，展开滑翔衣滑向乡间边境区。

步骤 4：打开降落伞，落至敌国境内。

步骤 5：熔化滑翔衣和降落伞后将其掩埋。融入当地社会。

本节要点：

许多国家的领空中存在大量可供人潜入境内的无人监管区。

013 从陆路穿越敌界

没有哪个国家的边境无懈可击，那些渺无人烟的边境区安全漏洞尤其多。特工们总会设法利用这些漏洞潜入该国境内。然而，越是荒野之地，穿越之旅就越具挑战性。若要徒步越过敌境，经验丰富的特工就可能需要孤身一人在灼热的沙漠、冰冷彻骨的山顶以及茂密的丛林中艰苦跋涉数日或数周，缓慢地向着行动区前进。这种方式进展速度慢、体能挑战大，但地势越是崎岖，受监管的可能性就越小。如果该国领空戒备森严，也许特工就只能选择从陆路穿越敌界潜入境内了。

装备与交通：特工需要步行穿越部分地区，这一点几乎不可避免，但在理想状态下，他可以驾驶一辆马力强劲、足以负重200~300磅（1磅为454克）的越野摩托车行驶一段距离。这辆摩托还应能经受在极不平坦的地表驰骋时产生的颠簸。世界上的许多地区摩托车比汽车更为普及，因此对特工来说，从邻国获取一辆摩托车自然不在话下。

除了随身装备包与车载工具袋（第8页与第13页），特工还应携带此次行程所需的足量燃料、食物和水以及穿越边界后用来伪装自己的衣物和装备；即便整个区域内水源充足而不用再携带饮用水，但任务所需的物资仍要准备充足。渗透活动的不同阶段需要不同的特殊工具组以及视时节而定的装备。

藏身之处：尽管特工接受过专门训练，在极度缺觉的情况下也能生存下来，但如果渗透活动需要持续数天或更长时间，他们仍旧需要找地方歇脚。

通常，简易棚屋是首选。与尼龙帐篷不同，就地取材以树枝或压实的雪块建成的棚屋能与环境融为一体，起到伪装的作用。在冰天雪地中，压实的雪块能搭建成因纽特人式的圆顶小屋。尽管雪块本身温度极低，但这些密不透风的雪墙可以有效地隔绝外部天气，防止热量散失，使特工能以体温和一两只点燃的蜡烛提升屋内温度。拆下的雪板放回雪堆中后，经过几小时的日晒、雨淋或雪冻，就能掩住特工曾经停留的痕迹。

导航：如果因地形所限，特工只能选择步行，那么多阶段侵入国境活动中最艰苦的部分就此开始了。也许特工需要在极端天气条件下步行数天才能抵达目的地。（事实上，恶劣的天气条件可能是清除特工足迹的最佳手段。）他们必须做好准备，万一GPS设备无法正常工作，就只能依靠指南针和地图来导航。

在山区或海边辨认方向要容易很多，因为山顶与其他地形标志可以提供定位参照点。沙漠地区绵延数百英里，放眼望去处处皆是相同的景致，因而，迷路或绕圈的风险极大。

在这种情况下，计步——即每隔一步记一次数，以此来测量距离的方式便能救命。成人的步幅约为一米，因此，左右脚各迈100步就相当于200米。如果缺乏其他评估行程进展的手段，计步就不失为一种指示距离的有效方法。

不可追踪性：一般来说，特工会在夜色的掩护下前行。他们会在白天休憩片刻并且计算好夜间行动的时间，如果可能的话，使其与月相相符。月半弯时的能见度尤其适合在崎岖地带潜行，若待到满月时，特工的身影就会过于明显。夜行的速度明显不如日间，但与光天化日下赶路相比，其风险更小。

为使自己不易被人发现，特工也会规划好穿越的路线，并采取预防措施，避免留下可供人追踪的线索。他们会在远离路径处小便，如果可能的话，尽量小解在水中，包好排泄物带走。只要地形允许，他们就会绕过土地、沙土与泥地，选择在岩石、树根、草地、落叶与树皮等不会留下脚印的表面上落脚。行路时不可避免地会留下脚印，但只要环境允许，特工就会尽力使自己的脚印形成一条不连续的路径。

No. 013: 从陆路穿越敌界

作战思想：经由艰险崎岖之地闯入内陆边境。

1：越野摩托车可以携带燃油及装备穿过崎岖之境。

2：如果需要多日才能穿越边境，特工就要昼伏夜出。因此，临时藏身处变得极其重要。

从壕沟中切下的雪块

隔冷材料

雪壕

3：如果GPS无法正常工作，就要依靠计步来记录行进过程。

4：行走在干燥的地面或选择在雨雪天气出行，这样可以保证不会留下连续的足迹。

本节要点：

地形越是崎岖艰险，秘密入境的成功几率就越大。

014 将装备藏于暗处

　　只有成功从行动区消失之后，"凶猛游牧民"的使命才算完成，因此在精心策划出一个满足任务完成后所有需求的撤退战略前，他们绝不会开始渗透活动。轻装上阵至关重要，徒步穿越至偏远地域时更加如此。"凶猛游牧民"会将装备与物资归为两类：行程前半段所需的物品以及任务完成后和（或）紧急撤退时所需的物品。第二类藏物处旨在为逃跑提供支持，应在深思熟虑后将食品、燃料、通信设备、金钱和武器等补给藏在预定出城路线的沿途。

　　留作日后使用的特工装备可以通过各色方式藏匿起来。可以将其装入水壶或PVC管等耐用容器中加以保护，再藏于洞穴、掏空的树干、湖底等处。藏物处越偏远越好，因为藏物点被人设陷或监视是"凶猛游牧民"们最不愿意见到的情况。将特工装备埋在肉眼不可见的地方能够减少被人偶然发现的可能。在GPS设备上标记出藏物点的方位，这样即便没有可见的地标，特工依旧能够取回装备。

No. 014: 将装备藏于暗处

作战思想：恰当地藏起特工装备或日后可用的生命保障品。

步骤1：组装

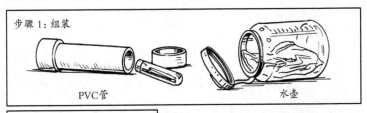

PVC管　　　　　　　　　　　　　　水壶

步骤2：藏匿

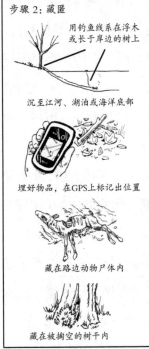

用钓鱼线系在浮木或长于岸边的树上

沉至江河、湖泊或海洋底部

埋好物品，在GPS上标记出位置

藏在路边动物尸体内

藏在被掏空的树干内

步骤3：位置。对该处进行标记或将与藏物处无关的一处永久地貌作为参考点——在距圆石或小径交汇点数步之远处藏起物件。

步骤4：内容

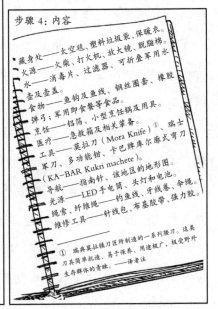

- 藏身处——太空毯、塑料垃圾袋、保暖衣。
- 火源——火柴、打火机、放大镜、脱脂棉。
- 水——消毒片、过滤器、可折叠军用水壶及壶盖。
- 食物——鱼钩及鱼线、钢丝圈套、橡胶弹弓；军用即食餐等食品。
- 烹饪——铝箔、小型烹饪锅及用具。
- 医疗——急救箱及相关蒸备。
- 工具——莫拉刀（Mora Knife）①、瑞士军刀、多功能钳、卡巴牌库尔廓式弯刀（KA-BAR Kukri machete）。
- 导航——指南针、该地区的地形图。
- 光源——LED手电筒、头灯和电池。
- 绳索、纤维绳——钓鱼线、牙线卷、伞绳。
- 维修工具——针线包、布基胶带、强力胶。

① 瑞典莫拉镇刀匠所制造的一系列腰刀。这类刀具简单抗造、易于保养、用途极广，极受野外生存群体的青睐。——译者注

本节要点：

　　藏物之处若是选择恰当，那么除了埋物之人，便不会有他人再寻得到。

015 以挂钩方式攀爬到目标建筑

通常，"凶猛游牧民"若是想要进入某幢多用途建筑，就会溜进其未上锁的大堂或撬开后门上挂着的简陋锁具。但戒备森严的建筑中往往装了视频监控和（或）配备了机动巡逻队，此时，从前门或后门进入楼内也许就不太可行。

幸运的是，还有另一条路径可以潜入那些在背面建了一排阳台的建筑物：在大楼外部的阳台间攀爬。特工们能够利用画板支撑杆、超长管状尼龙带或绳索以及钩子组装出一个能承受住其体重的轻巧绳梯，并且施展千百年来海盗们一直用来攀上敌船的简单技术——"挂钩、攀爬"。

将管状尼龙带对折后再打出一系列"冰霜结"（末端用反手结系在一起），这样就能制成一部耐用的绳梯（如图）；尼龙带的长度要长于目标建筑高度的两倍。在将沉重的金属家用挂钩插入画杆，捆绑或夹在绳梯上之后，便可将这套装置挂在结实牢固、足以承受特工体重的上层结构上。随后，特工开始层层攀爬，重复这一过程，直至到达目的地。

即便是在深夜，特工在采用这种不得已而为之的方法时，被人撞见的可能性依旧很高。但人们在设置监控摄像头时，通常不会考虑入侵者从外部爬入大厦的可能，因此这种方式也许依旧是希望在戒备森严的环境中隐秘行事的"凶猛游牧民"的最佳选择。一楼以上的业主很少安装监控摄像头，但即使真的安装了摄像头，也会将其对准门口，因为他们认为入侵者只能从一楼进入大厦。

No. 015: 以挂钩方式攀爬到目标建筑

作战思想：制作简易攀爬装备，登上多层建筑。

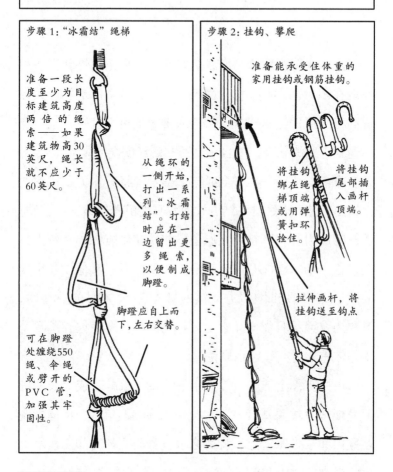

步骤 1："冰霜结"绳梯

准备一段长度至少为目标建筑高度两倍的绳索——如果建筑物高30英尺，绳长就不应少于60英尺。

从绳环的一侧开始，打出一系列"冰霜结"。打结时应在一边留出更多绳索，以便制成脚蹬。

脚蹬应自上而下，左右交替。

可在脚蹬处缠绕550绳、伞绳或劈开的PVC管，加强其牢固性。

步骤 2：挂钩、攀爬

准备能承受住体重的家用挂钩或钢筋挂钩。

将挂钩绑在绳梯顶端或用弹簧扣环拴住。

将挂钩尾部插入画杆顶端。

拉伸画杆，将挂钩送至钩点

本节要点：

在攀爬建筑前往往要尝试突破下安保系统。

016　攀上高墙

如果建筑物外墙光滑或筑有高墙，特工也许就无法便捷地在阳台间攀爬（参见第53页），单向摩擦结可以大幅提高特工借助绳索或排水管潜入楼内的可行性——只要登山绳处于紧绷状态，并且首尾两端已经安全固定。

普鲁士结是一种安全绳结，攀岩者将其作为备用的救生措施。普鲁士结的系结方式使其只能沿着绳索向上移动；下拉的压力会将其锁定在原位。如果在攀岩者的背带上打上普鲁士结，就能开启自动防障功能，万一其他设备出现故障，该绳结依旧能拉住下落的攀岩者。在潜入或逃生时，可利用该绳结只能向绳索上方移动的特性，使它在承受特工的体重并将其锁定在原位。

在打普鲁士结时，首先用平结将一根鞋带或等长的细尼龙绳或伞绳系成环状（参见第58页）。随后，将绳索绕在登山绳或排水管上，将其穿过自身的线环（如图所示）。再将绳索穿过由此形成的绳环两次，然后拉紧。

在理想状况下，需要打四个普鲁式结，分别作为沿着绳子摇摇晃晃往上爬时可用的拉环与脚蹬。万一物资有限（在逃生时可用鞋带），两个结也足以制成拉环与脚蹬各一个。

如果要沿排水管向上攀爬，就需解开绳结，重新将其系在支架上。为节省时间，要准备一些事先已经结好成绳环的绳索。

No. 016: 攀上高墙

作战思想:利用简易装备攀上多层建筑。

步骤1:打四个普鲁士结:两个拉环,两个脚蹬。单向摩擦结只能向上移动。

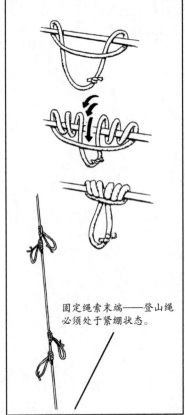

固定绳索末端——登山绳必须处于紧绷状态。

步骤2:将手移至与视线齐平处,用膝盖顶住胸口,踩下脚蹬站直身体。再将手上滑至与视线齐平处,重复上述动作。

步骤3:普鲁士结也可用于排水管,但必须将其解开,重新系在支柱上。

本节要点:

紧急逃生时,可以用鞋带来打普鲁士结。

017　融入当地

"凶猛游牧民"需要对照一份环境清单来确保自己能融入某一特定地域。这份清单中的第一个方面就是个体意识。他的模样与言行举止与当地环境有多大出入？游客们的外貌和举止往往与当地格格不入，因而是各类罪犯首选的袭击目标，而引人注意的特工也最容易被人盯上。

融入过程的第二个方面是培养文化意识，这意味着特工需要不断权衡自身的行为及偏好与当地主流文化背景之间的差异。如果一般人不爱在三明治中涂抹番茄酱或是不会在饮料中加冰，特工也要效仿他们的做法。

再者就是态势感知能力，也就是说，特工会不断审视周边环境，留意是否存在潜在危险并会做好最坏的打算，以便在危机来袭前确定所应采取的措施。在迈入一家餐馆后的30秒之内，他便已经仔细检查了所有出口，找到了附近可用来制成简易武器的所有物品。他还会设立"隐形门槛"，一旦有人跨越了这条虚拟界限，他就将立即采取迅速、果断的行动。如果特工发现了一名携带自动武器的武装警卫，就会迅速确定将会触发逃跑或防御行为的"门槛"——万一该警卫不断将视线聚焦到他的身上，他就会从后门溜之大吉。

最后一个方面是第三方意识。特工要能敏锐地察觉到，有人可能正在盯着他——无论身处别的国家还是正在使用网络，他的目标是不被执法人员、普通公民、罪犯甚至是黑客等第三方所注意。

No. 017: 融入当地

作战思想：为了能融入任何环境，需要理解并实现自我意识。

个体意识

文化意识

态势感知能力

第三方意识

本节要点：

环境会对着装、举止以及行为做出规定。

第三部分

基础设施：住宿、交通、武器

018 酒店戒备与安全意识

　　酒店客房是出了名的不安全。在某些发展中国家尤其如此，甚至连那些值得信赖的品牌酒店也很容易被人嫁祸或是监视，其中一些还获得了官方许可。在这个全球范围内不确定性泛滥的时代，激进的政府会竭尽全力收集有关外国人的情报，上至高级外交官，下至普通商人，无一能够幸免。很多人在旅行时对这些无形的威胁毫不知情，还以为躲在酒店客房或租赁来的汽车中就极为安全。然而，不明实体控制下的任何酒店都易遭受各式各样的威胁。

　　实际上，一些酒店会将外国人安排在安装了有线监控的客房。经常更换入住客房与下榻酒店就能令他们的计划落空。由于酒店也很容易发生突发事件，最安全的房间位于二楼或者三楼。虽然多数国家的消防设施无法覆盖到三楼以上的楼层，但"凶猛游牧民"应避免住在一楼，因为万一遭遇突袭，远离大堂就对保障自身安全至关重要。（恐怖分子最有可能从一楼开始扫荡。）

　　特工通常会寻找一间与楼梯间和电梯等距的房间——若是离紧急出口太近，就有可能被人一把抓住，推进楼梯间。若是离得太远，试图迅速逃脱时就会落入不利的境地。

大众要点：

普通罪犯和专业骗子都会对酒店下手，而酒店大堂尤其是罪犯们在不受阻碍的情况下跟踪猎物的最佳场所——酒店工作人员盘问他们的可能性很低。幸运的是，酒店出入口众多；每次进出酒店时都应随意选择出入口，以免形成习惯，被人观察并用来预测自己的行踪。

No. 018: 酒店戒备与安全意识

作战思想：了解酒店安全知识与身处海外时的安全事宜。

1：一排客房或整个楼层都可能安装了隐蔽的有线音频及视频监控。通常，外国人会被安排进预配了视听监控设备的房间。

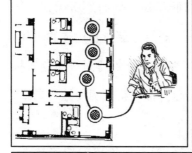

2：要求入住二楼或三楼的客房：多数国家的消防设备与云梯只能够得到三楼。

3：要求住进位于消防通道和电梯之间的客房，两者与逃生路线之间的距离应该相等。应避免住在楼梯间附近，因为那里的房间会为劫持者提供便利。

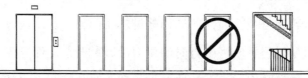

4：利用所有出入酒店的方式。使用楼梯和电梯的次数应该相当。随机从不同的大门出入酒店。"凶猛游牧民"在酒店中的日常行为应与其在城中的行踪一样飘忽不定。

消防出口

本节要点：

经常更换客房与酒店，使对手摸不着头脑。

019　谨防他人侵入酒店客房

入住酒店的客人如能在选择房间与楼层时做出明智的决定（参见第65页），便可降低风险。然而众所周知，酒店客房的门锁几乎都不堪一击，即便是最精心挑选的房间，其安全程度也和那扇未经任何加固的薄薄门框一样令人担忧。因此，身处高危地区的人们会希望获得房间的布局图，建起额外的防御工事。

尽管坚固的锁具能在一定程度上保护房门免于被撬，但只有加固的门框才能防止袭击者一脚踹开房门——几记重击就能将金属门栓的插销敲进木制门框。长度超过门宽的简易门闩可以将击打时的压力沿其散开，从而分流了部分施加在锁定插销上的冲击力，防止其从门框上崩落。用环首螺钉来固定加固装置，这样一来拆除后就只会留下极小的印记。

如果房门是向外打开的（美国以外的地区更为常见），为了能破门而入，袭击者必须向外拉门而非用脚踹开——这是一项更为艰巨的任务。只需一个小小的窍门就能进一步增加它的难度系数：将尼龙线一端系在门把手上，另一端绑在某个固定结构或另一扇紧闭、落锁的门上。

如果房门向内打开，楔住或堵住门就能暂时加固房门，从而使特工有时间在入侵者与他所设下的障碍——从常用于防止房门合上的木楔到用扫帚柄制成的锁具加固机制——纠缠时制定出逃生路线或制作好简易武器。最后一招，将大量家具堆在门口也能拖慢袭击者的速度。

No. 019: 谨防他人侵入酒店客房

作战思想：利用简易障碍物控制房间入口。

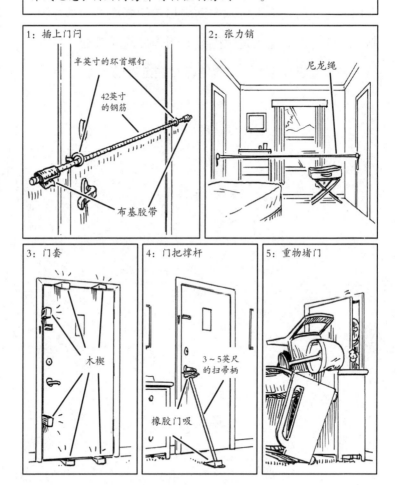

1：插上门闩
半英寸的环首螺钉
42英寸的钢筋
布基胶带

2：张力销
尼龙绳

3：门套
木楔

4：门把撑杆
3~5英尺的扫帚柄
橡胶门吸

5：重物堵门

本节要点：

房门依旧是强迫闯入屋内时的首选路径。

020 在住处藏匿物品

在行动区内转移时，特工可能会委身于（以化名预订的）酒店客房，不过他们永远也不会放松警惕，因为一旦房间被查，他们就会暴露，任务也会因此以失败告终。

尽管最佳做法是随身携带或隐藏武器和身份证件，或是将它们藏入行动车辆内部的死角，但有些时候总需要将敏感装备、工具或数据安全存放在客房内。酒店的保险柜所能提供的保护可以忽略不计，因为酒店工作人员常会对其进行检查。相反，特工们会采用全球囚犯们均烂熟于胸的藏物技巧。

入侵者需要耗费大量时间才能找到成功的藏物点。因为害怕被抓现行，入侵者（酒店工作人员亦是如此）在搜查房间时常会速战速决。事实证明，多数擅长用工具的小偷需要花费大量时间动用螺丝刀，才能破解某些藏匿点（电视后面板、电源插座等）。这些地方也会留下曾动过手脚的痕迹——故意将插座上的螺钉排成一列或调整浴帘挂环进行干扰，这样一来，一般的入侵者绝对无法发现。

通风口的宽度正好适合隐藏那些存储了有价值信息的笔记本电脑或平板电脑——只需拧开滤栅，将其放入通风井中即可。所有扁平物件都可以用胶布粘在抽屉底面。

No. 020: 在住处藏匿物品

作战思想：藏起重要文件、金钱及数字媒体信息。

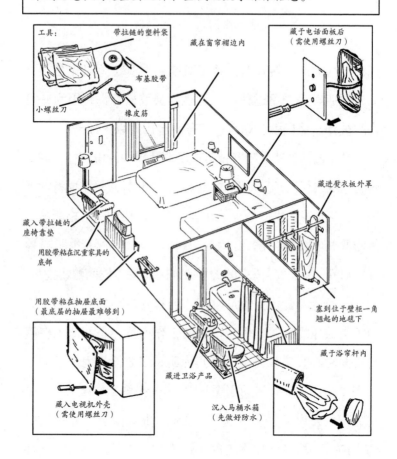

工具：
带拉链的塑料袋
布基胶带
小螺丝刀
橡皮筋

藏在窗帘褶边内

藏于电话面板后
（需使用螺丝刀）

藏进熨衣板外罩

藏入带拉链的座椅靠垫

用胶带粘在沉重家具的底部

用胶带粘在抽屉底面
（最底层的抽屉最难够到）

塞到位于壁柜一角翘起的地毯下

藏入电视机外壳
（需使用螺丝刀）

藏进卫浴产品

沉入马桶水箱
（先做好防水）

藏于浴帘杆内

本节要点：

藏物花费的时间越长，搜寻所耗费的时间也就越久。

021 创建一间暗室

　　如果想长期收集与目标相关的情报，就可能需要持续监视数天甚至数周。探明目标的日常生活规律，并且随着时间的推移找到其中的安全漏洞是有效监控的关键。然而，即便是再默默无闻的小镇，如果你连续几天端坐在一辆静止的车辆中，都势必会引来猜疑。为了进行长期监视，特工必须打造一间用以"藏身"的房间，一个可以悄无声息地搜集情报的室内基地。

　　视线能够畅通无阻地落在目标身上的房间可谓最佳。楼层越高，视野就越开阔，同时也越不可能被人发现。（多数百姓都过着自己的日子，不会抬眼望向高楼。）在创建暗房之前，特工应先对该幢建筑的周边进行日夜观察。如果客房清洁人员会在一天中的某些时段拉上窗帘，特工也应加以效仿。

　　尽管夜间进行的监视具有一定程度的隐蔽性，但日间监视可能会获得更多有价值的信息。为了在监视时不被人察觉，特工会制作一件虚拟的外障，防止人们注意到这间房间：一间使他能在大白天消失于窗后的临时暗室。白色墙壁会反射光线，但深色窗帘却能吸收光线，它既能降低屋内的能见度，又无损于窗户的外观。从地面向上望，根本看不出这间房屋与其他房间之间的差别。将双层床单钉在天花板上就能防止特工在进出暗室时漏进光线。

No. 021: 创建一间暗室

作战思想：在市内创建一处藏身点，以便进行定点监视。

步骤 1：选择监视视野最佳的窗户。
所选窗户位置应高于目标住所

观察窗口的装饰等，确保监视窗不会显得与众不同

目标建筑

步骤 2：将五张黑色或深色床单的一侧钉在天花板上，垂落下来在窗户四周围出一间只有三面的房间。将第四和第五张床单悬挂在距离暗房"背墙"2~3英尺处——这样便可防止出入暗房时有背光射入房内。

在屋内搭建一间暗房

2~3英尺

摄像机

三脚架

进入暗房时应身着黑色衣物

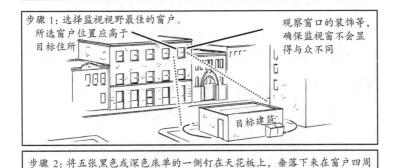

本节要点：

如果能恰当地控制光线、进行伪装，就能隐身。

022   准备行动车辆

一旦行动车辆到手，对其进行一系列改装将提高车辆性能，减少被人注意及追踪的可能性。这些改装包括：

- 充分利用车内空隙及死角，如副驾驶座前的仪表盘、安全气囊舱、车门面板及座椅套——毒品走私贩对这些隐蔽的藏物之处个个了然于胸。一旦被人监视或处于作战状态，从步枪到维持生存所需的水、食物、金钱、笔记本电脑及其他通信设备等，都能放入。

- 为车辆配备伪造的车牌与注册档案。万一被要求靠边停车，车牌上的过期标签就会暴露你"凶猛游牧民"的身份。

- 在后备箱置物板上的纸巾盒上安装一个伪装的保姆摄像头。通过调整摄像头，可监视或确定是否被人盯梢。

- 如果不想引起别人的注意，应在行驶时关闭日间行车灯、刹车灯、客厢顶灯及警报鸣笛。将客厢顶灯灯泡从插口中拽松，这样一来，即便摁下开关，灯也不会亮——但也不能将灯泡完全扯出来，否则万一被要求靠边停车，来回摇晃的灯泡会引起警方的注意。

- 充气过度的轮胎性能最佳。

No. 022: 准备行动车辆

作战思想：为开展行动准备车辆。

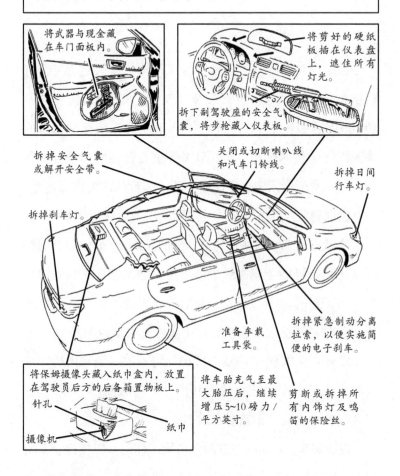

将武器与现金藏在车门面板内。

将剪好的硬纸板插在仪表盘上，遮住所有灯光。

拆下副驾驶座的安全气囊，将步枪藏入仪表板。

拆掉安全气囊或解开安全带。

关闭或切断喇叭线和汽车门铃线。

拆掉日间行车灯。

拆掉刹车灯。

拆掉紧急制动分离拉索，以便实施简便的电子刹车。

准备车载工具袋。

将保姆摄像头藏入纸巾盒内，放置在驾驶员后方的后备箱置物板上。

针孔

摄像机

纸巾

将车胎充气至最大胎压后，继续增压5~10磅力/平方英寸。

剪断或拆掉所有内饰灯及鸣笛的保险丝。

本节要点：

行动车辆应性能良好、毫不起眼且能随时出发。

023 驾车逃离与弃车脱身的车辆准备

逃离及脱身的驾驶技术本身风险极大，因此特工会对精挑细选出来的车辆进行改装，使其能实现 J 型掉头转向和 180 度掉头（第 237、240 页），并且只有在异常紧迫的情况下才会使用这些技术。SUV 等重心偏高的车型容易翻车，而小型车也无法在碰撞中幸免。车辆的改装内容包括：

挑选轮胎：更换为充气至推荐胎压的高性能车胎。

改装安全带：困在四轮朝天的车内时，安全带上的摆杆锁定系统可能会成为致命的负担。如果摆杆在特工体重的压力下被甩向车门深处，安全带就可能因锁住而无法解开，此时，置于适当位置的刀片就能成为救命工具。

松开安全气囊："凶猛游牧民"可不愿见到车内的安全气囊在上演飞车追逐大战时弹出——对较新的车型而言，安全气囊弹出时，车辆会自动熄火。

左脚刹车：人体的左右两侧协调工作时，中枢神经系统就能更高效地运转，因而特工选择左脚踩刹车，右脚踩油门。

临界刹车：若想精确操控车辆，就必须学会踩下刹车板时不至于锁死轮胎。在车辆高速行进时采取这种控制制动的策略可减少刹车时的滑行距离并降低打滑程度。

No. 023: 驾车逃离与弃车脱身的车辆准备

作战思想：准备飞车追逐所需的车辆。

步骤1：为实施闪躲驾驶准备轮胎。

充气至推荐胎压。

确保车轮螺母已经拧紧。

安装最低速度为S、H或V的警用特殊轮胎。

确保轮胎的散热性能达到"C"级。

步骤2：调整安全带以应对冲击力。

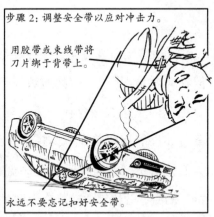

用胶带或束线带将刀片绑于背带上。

永远不要忘记扣好安全带。

步骤3：拆除安全气囊。

根据用户手册找到并拽出安全气囊。

步骤4：练习左脚刹车。

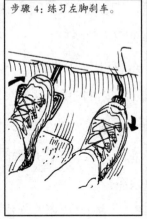

步骤5：练习临界刹车。

使用脚后跟。

慢慢踩下刹车板，不要踩至将车轮锁死的位置。

本节要点：

能否做好逃生与脱身的准备将决定你是银铛入狱还是安全解脱。

024 创建车内暗室

　　开展定点监视时，最佳的藏身之所是视野开阔的房间，但在某些情况下，"凶猛游牧民"只能将这一临时藏身处设在车内。这么做存在一系列安全隐患，而且极不方便，不过如果能用床单在车内搭出一处与室内暗房（第73页）类似的暗室，就能降低被人发现的几率。这类暗室能隐去特工的身影，仿佛他就躲在最暗的有色玻璃身后——不过，它又与玻璃不同，不会在明亮阳光的照射下失去作用或是被好奇的路人窥见车内的情形。

　　一些大型轿车或SUV的车窗贴了有色膜，车内的座椅也可以折叠拆卸。特工可以借助这类车辆在简陋的暗室内，再搭建一间可进行全面监测的小套间。由一个三脚架、一部单反相机和一根快门绳所拍摄的夜间照片的质量甚至要高过专门的夜视设备。

　　发动机的噪音、行驶灯或尾气往往会泄露踪迹，因此，特工常会将车辆熄火。在寒冷的日子里，他会将雨中宝[①]喷在玻璃内侧，并且身穿无孔夹克衫，以免身体散发的热量致使玻璃起雾。他会用空瓶来贮尿，并将接满的瓶子盖上盖，作为除霜装置放于前仪表板或后备箱置物板上。

No. 024: 创建车内暗室

作战思想: 在车厢内创建暗室, 以便进行流动监视。

步骤1: 准备两张黑色床单、安全别针及剪刀。对半剪开床单, 制成四幅布条。

将布条悬挂在车内, 在车后部创建一间暗室。

用安全别针将布条别在车顶棚的绒布上。

用剪刀剪出可自动闭合的观察孔。

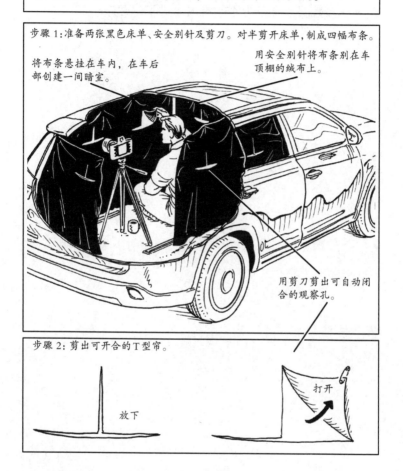

步骤2: 剪出可开合的T型帘。

放下

打开

本节要点:

车内暗室的隐蔽程度取决于车辆与周围环境的融合度。

进入暗房前，他会暂时离开车辆，例如去街角买杯咖啡。回来后，他会迅速、随意地溜进位于驾驶员这一侧的后车门——多数路人会以为刚刚有人坐进了驾驶座。

---

① 美国汽车玻璃清洁剂品牌。——译者注

简易武器

"凶猛游牧民"早已为最终被捕、缴去武器的那一刻做好了准备——或者说，在特定情况下，哪怕武器藏得再隐秘，被发现的风险也极大。但是，他们极其擅长将日常物品变成简易武器，因此永远也不会在毫无准备的状态下被捕。

世界上不存在完美的简易武器，不论何时，一旦需要便能随手抓起的武器才为最佳。如果能轻易在行动区获得这种武器，带在身上也不会招致怀疑，那自然更好。

虽然就地取材是王道，但我们依旧可以用最少的时间做一点预先规划，制作一些有效的自卫武器。

对大众而言，如能学会在日常物品中发现其潜在的危险性，自会获益良多。紧紧握住一卷报纸的人也许就是随时准备发动袭击的恶徒，但只有那些颇有远见，能一眼看出他手持武器的人才能做好抵挡攻击的准备。万一遭遇袭击，那些清楚自己手头物件可自卫潜力的人才会先人一步保护自我。

大众要点：

接下来几页所提及的均为特工在执行任务的过程中将日常物品改作他用的例子，许多看似无害的日常物品也能视情况所需而被用作简易武器。即便是世界上所有餐桌都能找到的盐与胡椒粉瓶也能使袭击者暂时失明——撒入对手眼中后，它们会造成短暂的刺痛感和（或）致盲效果，使自己有时间逃脱或占据上风。

025　矿泉水瓶制成消音器

　　射击时，最容易引起别人警觉的就是火花与枪声：弹头中的火药被点燃时会发出极其巨大的声响，与此同时还会产生火光。但如果安装了简易消声器，0.22或0.45口径的手枪在射出亚音速子弹时，就不会产生声光效应。虽然有些国家限制或干脆禁止购买消音器与灭音器，但我们完全可以用一只塑料水瓶、一块方形细丝网以及一个不锈钢清洁球制成一个替代品。手枪的击锤在击发枪弹底火时会发出一声滴答声，除此之外便再无其他噪音。

　　简易消声器模仿了标准消声器的装置——用结实的钢管包裹住穿孔的钢管，从而制成双管齐下的消声装置。被卷成紧实圆柱状的硬质丝网能形成内管，指引子弹以直线穿过矿泉水瓶。用力拉伸清洁球的长度，将其填满瓶内剩余空间，创造出能够裹住并抑制声音的金属枕。这个奇妙的装置就像是一个临时的钢箱，能够实现令人惊讶的声光抑制效果。

大众要点：

在富有想象力的追捕者眼中，遍地都是能置人于死地的材料。走进任何一家杂货店或五金店都能买到不锈钢清洁球，而细丝网则可以从窗纱或纱门上剪出来。真正关键的是有无这种意识。

No. 025: 矿泉水瓶制成消音器

作战思想：利用矿泉水瓶制作一次性消音器。

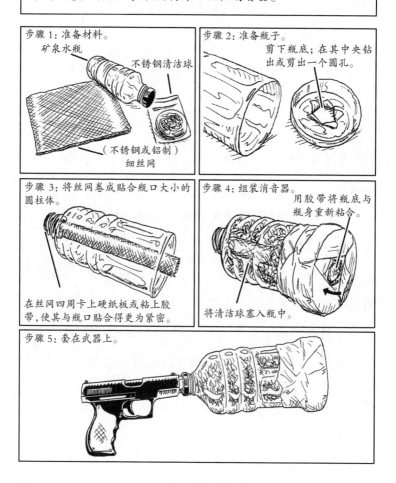

步骤1：准备材料。
矿泉水瓶
不锈钢清洁球
（不锈钢或铝制）
细丝网

步骤2：准备瓶子。
剪下瓶底；在其中央钻出或剪出一个圆孔。

步骤3：将丝网卷成贴合瓶口大小的圆柱体。
在丝网四周卡上硬纸板或粘上胶带，使其与瓶口贴合得更为紧密。

步骤4：组装消音器。
用胶带将瓶底与瓶身重新粘合。
将清洁球塞入瓶中。

步骤5：套在武器上。

本节要点：

抑制住开枪时发出的声音和火光就能大幅降低被第三方发现的可能。

026　雨伞变作铅管

由于弹头与弹孔会留下呈上法庭的证据，世界上最为常见的暗杀武器既非步枪也非手枪，而是藏在报纸中的一截普通铅管。这根密度大、分量沉的棍子只会带来行凶者预期实现的效果：骨头碎裂。如果铅管击中头骨，神形俱灭。

加入铅块增强后，折叠伞也能在罪犯的手中发挥出同样威力。如果想将雨伞变成自卫武器，就要准备三四个重型扳手。将扳手放入伞面之下，置于伞柄周围，用束线带将其与伞柄捆扎在一起，然后再用其余的束线带系紧武器外部。箍在黑色雨伞上的黑色束线带不会被人察觉，也就是说这把伞看起来与普通雨伞没有区别（雨伞的重量会大幅增加，不建议每日携带）。

No. 026: 雨伞变作铅管

作战思想：在普通雨伞上绑上金属扳手，以制成致命武器。

步骤1：准备一把雨伞、一些束线带、三四把扳手。

步骤2：将扳手装在雨伞上。

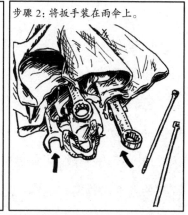

步骤3：确保伞面遮住了扳手。用束线带紧紧地将雨伞与扳手捆绑在一起。

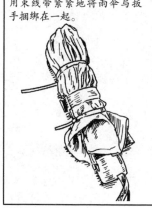

步骤4：挥舞雨伞，实现预期目标。

本节要点：

许多物品仅仅只是外表无害而已。

027　钢笔化身武器

时髦的钢笔并非只是运算时的辅助工具，也是毫不起眼却极具杀伤力的自卫武器。在紧要关头，从手提包或公文包底部抓到的钢笔就能对行凶者造成伤害，不过，有一个品牌的效果尤其好——斑马牌原钢钢笔的吸水杆由100%的不锈钢制成，可兼做临时刺刀，它足以刺穿胶合板，着实令人难以置信。

攻击时，将笔紧握在拳中。正握钢笔刺向袭击者头部，如果打算近距离瞄准喉咙或膝盖，则要反握钢笔。

No. 027: 钢笔化身武器

作战思想：买一支钢笔用其击退敌人。

1：在包与口袋中放入配有钢制笔杆的斑马牌F-400型或F-700型书写笔，再藏于车内与房中。

2：正握——可刺穿胶合板或用于攻击头部。

3：反握——刺向喉咙或膝盖。

本节要点：

钢笔比刀剑更具杀伤力。

028 钓鱼铅坠制成短棒

　　如果旅行者在背包中装入貌似无威胁的钓鱼装备、8盎司重的钓鱼铅坠以及一块头巾，绝对不会引来别人的注意。单独看这些物品并不存在任何明显的威胁，可一旦危险来临，它们就能变身为短小结实、极为有效的简易小短棒。

　　把渔坠折入头巾内，再将头巾卷成圆柱形。交叠圆柱两端，击向对手的膝关节（使其弯曲）或头部（令其失去知觉）。由此制成的武器杀伤力巨大，足以击碎椰子壳，人类头盖骨自然不在话下。

No. 028: 钓鱼铅坠制成短棒

作战思想：利用头巾和8盎司（1盎司约为28.3克）重的渔坠制作能取人性命的短棒。

步骤1：展开方形头巾，将渔坠置于头巾正中。

步骤2：沿对角线对折头巾。

步骤3：自尖角处向底部卷起头巾。

步骤4：折叠头巾两端，挥舞短棒反击。

椰壳比人类头盖骨要硬上10倍。

本节要点：

　　一旦加以组合，无威胁性物件也能发挥出毁灭性的威力。

029　制作软性链锯武器

尽管现如今，一提到链锯武器，人们就会联想到机车帮，但实际上这类武器的历史十分久远。基础款的软性链锯武器以一种名为钉头锤的中世纪武器为原型。只要将两种经常成对出现的物品——链条与挂锁连接在一起（不会招来任何怀疑），就能组装成该种武器。由此制成的武器能击碎人类的骨头。

所有的骑车人都能用自己的链条与锁具制成简易的自卫武器，但链条的理想长度应稍长于人体前臂的平均长度，同时要比自行车的链条锁短。如果链条过长，挥动的速度就会过慢，从而让袭击者有充足的时间做出反应。

No. 029: 制作软性链锯武器

作战思想：为肉搏战制作重型武器。

步骤1：准备链条与挂锁。

步骤2：将链条剪至与手臂等长。把挂锁锁在链条一端。

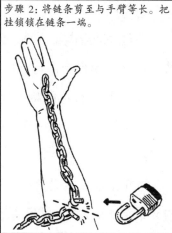

步骤3：用连接了挂锁的一端击向目标。

本节要点：

携带链条与挂锁能够通过安检，不会产生任何麻烦。

030　报纸制成钉棒

手拿报纸沿街而行的人毫不起眼。在执行监视任务时，特工也就常用报纸作为掩护工具；与手机或香烟一样，它们为正在监视目标的特工提供了在公园长椅上逗留的机会，成了一种融入周围环境的手段。必要时，报纸也能变成武器。

将几张报纸卷成紧实的柱状，对折后用胶带粘牢，一根异常结实的短棍就此诞生。将报纸淋湿能极大地增加短棍的分量，如果再加入一根2.5英寸的木钉，就能升级为具有潜在破坏力的大头棒。

大众要点：

在动荡不安的环境中，即便见到貌似最没危险性的物品也要心生警惕。

No. 030: 报纸制成钉棒

作战思想: 卷起报纸, 制成具有破坏性的打击武器。

步骤 1: 准备材料 (报纸、铁钉、布基胶带)。

步骤 2: 淋湿报纸、增加重量。

步骤 3: 将卷好的报纸对折后再打开。用铁钉穿过报纸卷右侧或左侧。再次对折, 将钉子扎透报纸卷。

步骤 4: 用胶带粘住钉棒的首尾两端。

本节要点:

报纸与钉子在世界各地随处可见。

031　利用一卷硬币

如果能随时亮出武器，就可以在短兵相接的激烈搏斗中占据优势。为此，特工永远会在口袋里放上一卷硬币。（接近5美分或25美分硬币的分量最佳。）将硬币攥在掌心可以增强拳头的密度与重量，也是一项能显著增加诸如左右直拳、勾拳、上勾拳这类重拳的速度并提高击打力的巷战技巧。

如果将同一卷硬币塞进一只袜子、枕套或手帕，就能制成简易的临时武器。因结合了速度和密度，这类武器会爆发出惊人的力量。用力挥舞时，它能打断骨头；若击向对手头部，很容易就能将其击倒。

也可以在硬币卷上插满钉子，制成锋利又致命的指节套环，这种用法伤害值可以说是最高。如果套上带刺指虎后再挥拳（巷战的又一大特色），不论拳头落在何处，都将造成意想不到的严重伤害。

如果分开携带，其中的每件物品——一卷硬币、零散的几枚钉子、一双袜子均不会引起任何人的警惕。可一旦"凶猛游牧民"感觉到前方存在危险，就能在一分钟内将其组装成有效的自卫武器。

No. 031: 利用一卷硬币

作战思想：将一卷普通硬币变成有效的自卫武器。

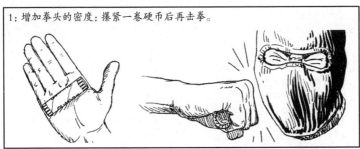

1：增加拳头的密度：攥紧一卷硬币后再击拳。

2：制作简易的挥击武器：将一卷硬币塞入一只袜子，挥向对手头部。

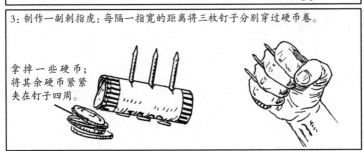

3：制作一副刺指虎：每隔一指宽的距离将三枚钉子分别穿过硬币卷。

拿掉一些硬币；将其余硬币紧紧夹在钉子四周。

本节要点：

硬币可以用来支付过桥过路费、停车费与公共交通费，现在看来还能用来打烂别人的脸。

第四部分

监视：观察、跟踪与反侦察

032　徒步跟踪

　　徒步跟踪目标也许是件技术含量很低的活儿，但它同时也极为复杂，被人发现的风险很高。单独执行监视任务尤为困难，连续数小时或数天的监视挑战了人的耐心与耐力，因而会放大担心行迹"败露"的压力。由于没有小组成员替班，特工更有可能被目标发现。

　　有几条经验法则可以降低这种风险。步行时应始终走在目标的盲点区。趁目标进食、睡觉或工作时更换衣物。尽量多更换几套衣服——如果距离较远，人们就会通过服装的色彩与样式而非面部特征来辨认他人。同样的衣服千万不能穿第二次。

　　借助环境优势。玻璃表面能够反光，因此，特工可以躲在安全有利的位置仔细观察街面。

　　变换监视的时段以便了解目标的行动规律，同时还能破坏对方可能采取的反侦察手段。不要试图每天都对目标进行24小时的监视——这么做保准会招来对方的怀疑。全天候监控更适合有可轮换人员的团队来进行。

　　85%的监视小组都是被第三方而非目标自己发现的，

这就突出了融入环境的重要性。打扮要适宜，并且要携带书籍、地图、香烟和其他"口袋杂物"，这样就有理由四处游荡而不至于引起警惕了。

No. 032: 徒步跟踪

作战思想：悄无声息地进行徒步跟踪。

1：远离目标视野。

在视觉盲区行走。

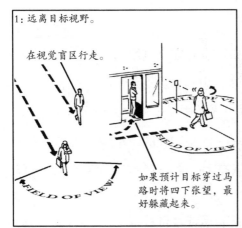

如果预计目标穿过马路时将四下张望，最好躲藏起来。

2：经常更换衣物。

邮差包/背包

更换深色与浅色衣物

鞋/人字拖

3：如有可能，将玻璃利用起来。

透过玻璃观察

观察玻璃中映出的图像

4：变换监视的时间与日期。

5：如果需要站立在某处不动，就应携带一些能为此提供理由的物品。

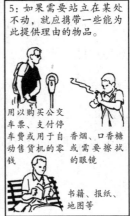

用以购买公交车票、支付停车费或用于自动售货机的零钱

香烟、口香糖或需要擦拭的眼镜

书籍、报纸、地图等

本节要点：

融入周围环境，逗留时总有合理借口。

033　驾车监视

突如其来的高速飙车也许能令电影增色不少，但事实上，开车盯梢节奏缓慢，耐心和毅力才是决定因素。一旦被堵在了川流不息的车流中或在电影院外候了两个小时，人就很容易放松警惕——如果"领跑"车辆在你溜号的一刹那迅速右转或溜出停车场，就会脱离你的视线，因此保持警惕十分关键。

跟车距离太近也极其容易被目标发现。为了防止行踪暴露，应避免出现在目标所驾驶车辆的后视镜中，不与其行驶在同一车道，始终保持一车之隔。遵守"转向不超过两次"的原则。如果连续跟随目标转向的次数超过两次，暴露的风险就会极大。就这一问题及许多其他方面而言，驱车监控更适合由团队来操作。当一位成员离开某一转向处时，另一位成员就能顶替上来，成为新的"盯梢"者。

要避免模仿目标车辆的驾驶行为，尤其是调头。如果目标车辆调头，跟踪车辆应驶入下一处转向车道，然后再调头追上。跟踪时不要以一系列奇怪的路线行进，如以阶梯状路线穿过社区或驶入死胡同，目标也许正以这些方式确认自己是否已被盯梢。

跟车距离要由车流的密集程度决定。在交通密集和（或）红绿灯很多的城市，不能与目标车辆拉开过大的距离。要是特工与目标之间相距两三辆汽车，只要前车停下来准备转向，就有可能错过一至两个信号灯，从而跟丢目标车辆。在车流较少的农村，就应远离目标车辆；道路上的车辆越少，伪装就越少因而越不利于跟踪。

大众要点：

　　提高意识，观察是否有车辆的行驶路线与你相同（尤其是那些随着你多次转向的车辆），这样就能减少被绑架或劫持的可能性。

No. 033: 驾车监视

作战思想：在不被目标察觉的情况下执行驾车监视任务。

1：不与目标车辆行驶在同一车道，避免出现在其后视镜中，始终保持一车之隔。

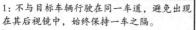

2：遵守"转向不超过两次"的原则：跟随目标连续转向两次后停止跟踪。

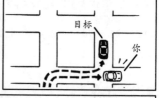

目标

你

3：永远不要模仿目标的行动（变更车道、转向或是停车）。

5：跟车距离由车流的密集程度决定。车多建筑也多？那就缩短与目标之间的距离。车流稀少的乡间主干道？远离目标或停止跟踪。

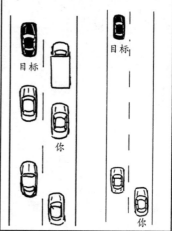

目标

你

目标

你

4：如果目标车辆以奇怪的路线行驶，就停止跟踪：调头、以阶梯状路线穿过社区、驶入死胡同、在住址与公司间多次停留。

本节要点：

监视难，暴露易，对于单独行动的特工而言尤是如此。

034　制作简易红外灯

在目标屋内或其营业地点收集情报的特工可能需要等候多天才能探及空无一人的屋内——一旦时机来临，就必须迅速、不留痕迹地开展情报收集工作。在漆黑的夜晚，哪怕是一点微弱的环境光也可能会危及任务，因此，红外线光源就成为理想之选。因为肉眼无法看见红外线，"凶猛游牧民"便能在伸手不见五指的环境中搜查房间。

尽管红外灯泡与红外线滤波器在市面上有售，但购买这类设备可能会招致不必要的盘查；利用手电筒、相机胶卷或软盘中的塑料片以及一部带摄像头的手机就能制成简易版红外灯，实现相同效果。

胶卷与软盘几乎已在发达国家绝迹，不过在许多其他国家依然很容易找到。将胶卷置于手电筒灯泡前充当滤波器，用以完全遮蔽手电筒发出的可见光。利用标准的照相手机（例外情况详见下文），特工能见到由改装手电发出的红外光所照亮的物体。尽管四周一片漆黑，光线所及之处，所有物体都将出现在手机屏幕上。

注意：一些最新型号的照相手机配备了红外线阻塞滤波器，因而无法实现这种功能。若想弄清某一型号的手机是否适合完成这项任务，就要准备一个遥控器。打开相机，将遥控器的前端（装有LED灯的一端）对准手机屏幕。按下遥控器上的任意按钮，观察手机屏幕。如果相机检测到红外线，就能在屏幕中看到LED灯闪动。如若不然，这部在行动区内购买的廉价手机就很可能安装有红外线滤波器。

No. 034: 制作简易红外灯

作战思想：在一片漆黑中搜索房间。

步骤 1：准备手电筒与胶卷底片。

步骤 2：在底片上描出手电筒镜片的轮廓，将其剪下。

步骤 3：将底片置于手电镜片与灯泡间。

本节要点：

简易红外灯可用于指引飞机着陆、跟踪恶徒以及发出求救信号。

035　制作夜间监视所需的跟踪设备

在情报收集技能中，驾车监控具有独一无二的挑战性。从车流状况到目标的突然转向再到被察觉的可能，它需要"凶猛游牧民"同时处理多渠道的信息。在夜间，几乎不可能识别车辆的品牌及型号。如果这些特征被夜色所掩盖，这项任务就会变得更为困难。若"凶猛游牧民"需要在密集的城市中跟踪目标或是目标所驾驶的车辆极其普通，而该国又不要求车辆悬挂车牌时，也会出现同样的难题。

目标随时都有可能跟丢，但如果这种可能性因为上述因素而成倍增加，就可以利用基本款的红外线跟踪设备来照亮目标车辆。

用胶卷底片或软盘材料及钥匙扣上的白光LED手电制作的设备能实现与简易红外灯（第111页）完全相同的功能。该设备无需手握，可在组装完毕后用束线带绑在目标车辆的底盘上。

底片或软盘材料能减少任何可以发出白光的照明装置所射出的可见光，就像是设置了一道只允许（肉眼不可见的）红外线通过的屏障。这些光线会泄露目标的行踪，而且只对通过数码相机或手机镜头观察路状的"凶猛游牧民"

可见。该简易装置可以借此实现类似于近距离跟踪确认的功能，卫星设备（参见第126页）在完成此项任务时都可能存在几英尺的误差。（长期监控更适合选择GPS跟踪设备。随着时间的推移，它能帮助监视团队掌握目标的生活模式。）

No. 035: 制作夜间监视所需的跟踪设备

作战思想：为了在夜间跟踪目标车辆，组装只能透过相机才能见到的红外光设备。

步骤 1：准备底片或软盘、白光 LED 灯、剪刀、束线带。

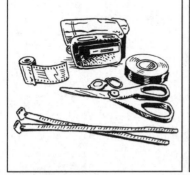

步骤 2：剪下部分底片，用胶带粘在白光 LED 灯上。按下开关并用胶布固定，以便其能持续发射出红外线。

步骤 3：小心地将红外光设备安装在目标车辆车尾处的底盘。

步骤 4：使用老款 iPhone 或数码摄像机的屏幕观察目标车辆底部发出的红外光。

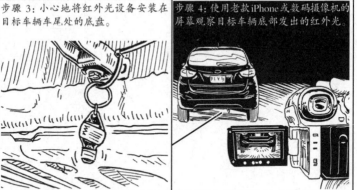

本节要点：

夜色的掩护有利也有弊，应尽可能让情况对自己有利。

036 察觉是否有人翻找过私人物品

对外国人进行盘查已经成为一种现今全球范围内日益普遍的现象。打算刺探贸易或政府机密也好，试图确定游客是否别有用心也罢，许多国家的酒店保安与政府官员会携手对入住酒店的外国人实施暗中监控。

为了确定财物是否已被翻找，自己是否已遭人监视，特工会借助隐秘的定位技术来监控电子设备与贵重物品的摆放位置。

小心谨慎极为关键。不要让潜入国的安保部门发现他们已经被特工识破，否则他们就会进行更多举动，进而将其扣押——或者更糟。

利用基准方位：使用指南针或指南针应用程序，按照基本方位排列物品。在笔记本电脑的USB接口周围放置障碍物，以便确定入侵者是否曾使用闪存盘下载数据。

衡量空间与深度：经验丰富的黑客会绕开操作系统，翻转笔记本电脑，拧开硬盘螺丝，获取电脑中的内容。若想确定笔记本电脑是否曾被人移动，可在放置电脑时将拇指作为测量工具。

设置陷阱：可以充分利用客房门口所悬挂的"请勿打

扰"标志，它能帮助察觉客房是否已被人入侵。

Photo Trap：使用 Photo Trap 或类似应用程序拍摄并比较物品前后的摆放位置。此类应用程序可以比较在同一位置拍摄的照片，并会将所有无法精确匹配的部分处理成动画。

No. 036: 察觉是否有人翻找过私人物品

作战思想：利用隐秘的对准技术确定是否有人翻找过自己的物品。

步骤1：基准方位（罗盘校准）。

步骤2：空间与深度（拇指测量）。

步骤3：陷阱

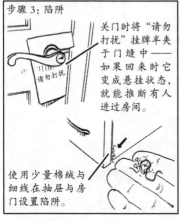

关门时将"请勿打扰"挂牌半夹于门缝中——如果回来时它变成悬挂状态，就能推断有人进过房间。

使用少量棉绒与细线在抽屉与房门设置陷阱。

步骤4：Photo Trap 应用程序（可以在苹果手机的应用程序商店购买）

本节要点：

　　隐秘的对准技术应便于记忆，而且在使用时应不引起他人警惕。

037　判断是否被监视

无论是扒窃钱包、其他轻罪，还是性犯罪或恐怖主义行为，几乎所有犯罪分子都会在下手前对目标实施一定程度的监视。他们专注于观察目标的一举一动，但事实上，在这段时间内，犯罪分子自己却极易暴露——如果他们的目标（不同于普通百姓）时刻保持警觉，对周围环境极为敏感，那就尤是如此。

为了确认自己是否已被监视，"凶猛游牧民"会在TEDD原则①下，多管齐下，寻找那些在不同时间、不同地点反复出现的"巧合"。不过，行事一定要格外小心——要让罪犯相信，他们只不过是不小心跟丢了目标，而非目标有意躲避自己。

时间：你是否在不同环境中反复见到同一个人或一群人？为了确定情况是否属实，一整天都要留意时间。

环境：留意到那些衣着或肢体语言与周围环境格格不入的人了吗？

距离：同一拨人是否会出现在距离很远的两个地点？例如，这个人是10分钟前出现在社区小卖部的那个戴墨镜的人吗（不那么可疑），还是说，他在两个小时前曾出现

No. 037: 判断是否被监视

作战思想: 利用TEDD原则确定自己是否已被监视或盯梢。

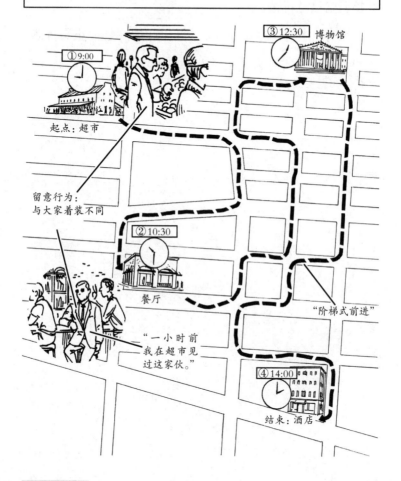

③12:30 博物馆

①9:00

起点: 超市

留意行为:
与大家着装不同

②10:30

餐厅

"一小时前
我在超市见
过这家伙。"

"阶梯式前进"

④14:00

结束: 酒店

本节要点:

更改作息规律或行走路线, 以便确认是否被人跟踪。

在10英里外的一家超市（较为可疑）？排除巧合的可能，以便确认自己是否已被监视——再去别的区域办点事，以此检验自己的推测。

　　行为：在监视这一领域，"行为"指的是举止与外表。寻找那些服饰或行为无法融入周围环境的人。

---

① TEDD原则，即时间（Time）、环境（Environment）、距离（Distance）、行为（Demeanor）。——编者注

038　悄悄甩掉盯梢

　　甩掉监视小组，又不至于将跟踪行动升级为白热化追逐的关键就是让跟踪人相信自己已经跟丢了目标，而不是让他们意识到自己已经暴露。要想摆脱驾车监视小组，就要避免那些让人一眼便可看出来在闪躲的驾驶技术，而应采取下列措施：

　　制造手风琴效应：将监视小组引到交通信号灯和（或）停车标志很多的区域，以此分流监视组成员。走走停停的一长串车流既能分散监视小组成员，又不会使他们对"凶猛游牧民"的计划产生警觉。距离目标最近的车辆也许依旧贴得很紧，但小组其他成员最终会被堵在几个红灯之外。一旦没有团队成员接替，孤军奋战的盯梢者就会因担心引起目标的警觉而选择离开。

　　频繁停车、起步：监视小组往往会在目标停车、起步时跟丢目标，因此要提高停车的频率。将车辆停在出口附近的特工可以向右转两次再驶离停车场，此时，监视小组往往尚未意识到自己应该点火发动车了。

　　使用公共交通工具：按照事前的计划，跳上公共交通工具甩掉监视小组。赶在公共汽车或地铁进站的那一刻冲上站台，趁盯梢人尚未回过神来时跃入车厢。

　　穿过人口密集的地区：密集的人群与拥挤的交通会令监视团队难以紧盯目标。如果在步行时钻入商场、游乐园或专敲游客竹杠的商店等人流密集场所便能增大甩掉盯梢的几率。

No. 038: 悄悄甩掉盯梢

作战思想：令监视小组相信是因为自己疏忽大意跟丢了目标，而非被目标有意甩掉。

1：制造手风琴效应。

他们　你

穿过交通信号灯多、车流量大的区域。这能拖长监视小组的战线，从而甩掉他们。

2：频繁停车、起步。

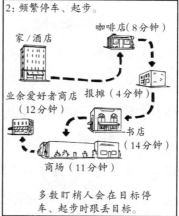

咖啡店（8分钟）

家／酒店

业余爱好者商店　报摊（4分钟）
（12分钟）

书店
（14分钟）

商场（11分钟）

多数盯梢人会在目标停车、起步时跟丢目标。

3：使用公共交通工具。

4：穿过人流稠密的区域。

本节要点：

永远不要让盯梢者意识到他们已经暴露。

039 检测追踪装置

进入微缩技术时代之后，将具有磁性的跟踪设备贴到车辆上简直是易如反掌。从监管子女到监视目标，市售跟踪设备的尺寸大小不一，小型设备只有拇指存储器般大小，而且能够预装在各种环境中，通过发送回显信息追踪移动电话和租赁车辆的位置。跨境特工完全可以假设，为防止跟丢，所有租来的车辆内部都已预先内置了跟踪装置。但是，如果遇到潜入国心怀恶意，这些信息的用途就不得而知了。

跟踪设备既可以永久装入车辆之中，也能暂时吸附在车框之上，与卫星、蜂窝基站和服务器进行通信。因为信号无法穿透金属，这类设备不能隐藏在车框或金属部件下方——这就意味着，通常能在特定区域找到它们。

为避免公开检查车辆，你需要注意聆听是否出现了静态干扰音。关闭手机，将电台调至一家位于接受频率外的调频电台。如果在"滋滋"声外偶尔还会出现"滴答"声，就表明车内有某种移动设备正在运行。（这种声音源于移动信号与广播喇叭线及线圈间的相互作用。）

如果确信有人出于恶意而非根据标准协议安装了跟踪设备，千万不要试图移除该设备；相反，找个借口将车辆转手。

No. 039: 检测追踪装置

作战思想：通过实物检测和（或）技术手段检测追踪装置。

1：剖析追踪装置及其性能。

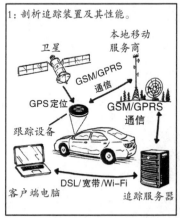

2：可能安装追踪设备的区域。

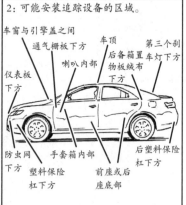

3：利用车载扬声器检测追踪装置。

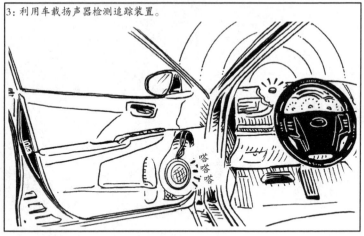

本节要点：

行动时要时刻假设自己已被追踪。

040　骗过监控摄像

　　监控摄像已经遍布主要城市的大街小巷，交通站点、ATM机及饰品店、比萨店等街头商铺的监控录像都能采集到摄有我们面孔的画面。由于监控设备价格低廉，现在即便是在世界偏远地区也能发现它们的身影。为保险起见，"凶猛游牧民"常会假设自己已经步入监控摄像的范围，并采用一些隐蔽或干扰的手段来减少自己被发现的可能。

　　伪装：特工应避免佩戴面具或采取怪异的伪装。好莱坞电影式的伪装很快就能让第三方留意到你。特工通常会选择佩戴帽子或头罩。

　　光线：许多具有自动曝光功能的相机会在强光下自动收缩光圈——直接将手电筒或LED灯对准镜头能降低照片的像素。特工会算准行动时间，确保自己在遇见摄像头时，太阳永远位于身后。

　　静电干扰：监控摄像的核心信号会由共中的铜导体传输，它包裹在由金属与橡胶编成的护套中。使钢制刀片与铜导体接触就能造成短路，暂时中断视频传送。将刀片插入橡胶护套后左右扭动，使其穿过编织屏蔽层，接触到坚硬的金属内核会导致监视器产生静电干扰。拔掉后，信号将恢复正常。

No. 040: 骗过监控摄像

作战思想: 干扰或阻碍高清图像的采集。

1: 轻微伪装。利用与环境相融合的衣帽遮盖脸部。

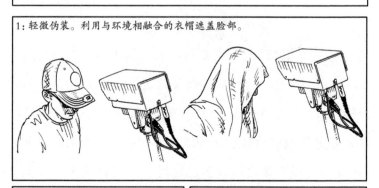

2: 强光照射。红外光或可见光会导致相机光圈收缩。

3: 视频输入干扰。将刀片半插入电缆，直接穿过屏蔽层接触到中心导线，从而在监视器上产生静电干扰。拔出刀片后，信号将恢复正常。

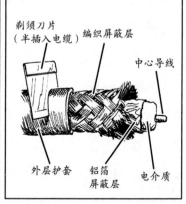

剃须刀片
（半插入电缆）
编织屏蔽层
中心导线
外层护套
铝箔屏蔽层
电介质

本节要点:

时刻假设自己处于监控摄像的监视范围之内。

第五部分

收集情报：音频与视频

041 安装窃听器

将窃听器安装在哪个隐蔽位置最好？只有在权衡可选地点、监控时长以及可实现的音质等多方面因素之后才能得出结论。尽管仅凭一部手机和一副耳机（参见第136页）便可制作出可用的监听设备，但如果安装的位置十分糟糕，获取的音频效果就会很差。

选择安装地点时，特工会确定人们最有可能在何处放下防备、畅所欲言（通常是卧室或厨房而非客厅），并且要尽量将窃听器放置在"谈话的中心"。

隐蔽点的具体情况也会影响音质。在车内，安装在中控台或车顶灯处的窃听器能清晰地获取前、后座上的谈话录音。如果窃听器的位置过于靠近车辆前部，也许会同时录进发动机或立体声音响的干扰音。电视机外壳极具隐蔽性，但这层塑料屏障可能会影响录音的音质。

最后，特工会在"硬安装"与"软安装"间做出选择。前者利用电视或电源插座等电源的寄生功率，暂时装入窃听器。而后者可以很简单，例如将录音设备放入纸巾盒内。"硬安装"需要在目标上耗费大量时间，但永远无需再次潜回对设备进行维修。而一旦设备电池耗尽或存储空间不足，特工可能就需要冒着风险回来处理"软安装"设备。

大众要点：

尽管噪音消除软件可以屏蔽电视或收音机的声音，但它无法处理流水声。因此为防止被监听，浴室就成为了秘密谈话的理想场所。

No. 041: 安装窃听器

作战思想：恰当安装窃听器，收集高质量录音。

1：在谈话中心地带安装麦克风。

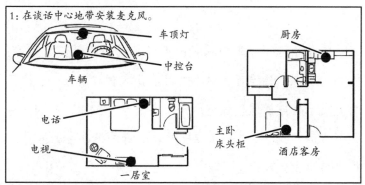

车顶灯
中控台
车辆

厨房

电话
电视
一居室

主卧
床头柜
酒店客房

2：将麦克风藏在相框后、电源插座或电视内部。

3：选择"硬安装"或"软安装"。"软安装"完成后需要再次潜入目标所在场所更换电池、清空存储器。"硬安装"（利用电源插座或电视等为设备供电）无需维修，但安装时需花费额外的时间。

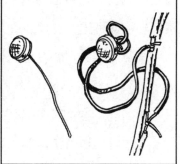

本节要点：

永远不要在未知环境中谈论敏感信息。

042　变扬声器为麦克风

在目标房间或车内暗藏声控录音设备相对较为简单，但如果缺少扩音设备，就不太可能获取有效情报——完备的监听系统需要通过麦克风来放大声音。然而，在缺少专用工具的情况下，"凶猛游牧民"可将手机、音频插孔及耳机转换成有效的监听器。

因为麦克风与扬声器本质上是同一种仪器，任何扬声器——从耳机上的耳塞到电视中的立体声系统均可在短短几分钟内变身麦克风。两者间的区别极为简单，它们的功能正好相反。扬声器将电子信号转换成声音，麦克风则将声音转换成可进行处理并放大了的电子信号。

这种差别其实就在于两根电线，一根正极线（红色），另一根负极线（黑色）。转换两根电线的极性，就能更改设备的功能（参见第136页）。

操作时，切断扬声器电线的输出端，将其连接到音频插孔，并将音频插口接入窃听设备。

所有小型录音设备均可使用，但将调成静音状态并设置为自动接听的手机作为监听设备有两个优点：既能实时截获情报，又不必冒着风险返回目标所在地收回设备。

这种窃听器安装技术的适用性很强。停用车辆的任一个后置扬声器，将其电线插入录音机或电话就能组装出车辆监控设备；可将录音设备隐藏在后车门的死角或后备箱的衬里中。在公共场所，挂在外衣口袋中晃来晃去的耳塞可以作为隐秘的情报侦测站。

No. 042: 变扬声器为麦克风

作战思想：调换立体声扬声器的极性，将其变成麦克风。

步骤 1：拆除扬声器外壳。找到正极线与负极线（红色与黑色）。将红线连接到黑色终端，黑线连接到红色终端。

步骤 2：剪下2.5 mm音频插口，接入与扬声器导线相反的一端。

步骤 3：将跟踪电话调成静音，设为自动接听状态。将插口插入手机，藏入扬声器内。

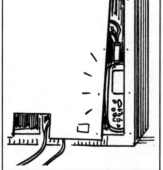

步骤 4：拨打跟踪电话，进行监听。

本节要点：

所有含扬声器的设备都可以转变成麦克风。

组装并藏匿监控摄像头

对"凶猛游牧民"而言，最佳的监控摄像头是由超市购入的现货，当然能融入周边环境、不被人察觉的物品也可作为替代品。从哪里开始着手呢？一个标准的婴儿监视器即可满足要求。

相机正日益变小、变轻，完全可以藏于纸巾盒、挖空的精装书外壳或打印机等办公设备内部来伪装监控设备。但为了确保能看清目标房屋或公司的外部环境，弄清持钥匙者或访客的面容，"凶猛游牧民"可以使用自制塑料，将相机伪装成普通无奇的岩石或一堆烂泥。

043　组装并安装针孔摄像头

前往超市购买无线婴儿监视器是组装针孔相机的第一步。撬开婴儿监视器的外壳，露出里面的部件（如图）。拆除其中的组件——发射机、电池组以及相机镜头，但不要剪断连接组件的电线。丢弃婴儿监视器的外壳。按照说明自己制作塑料外壳（参见第141页），将牙签插入相机镜头，把镜头周围的塑料捏成岩石的形状；牙签能戳出一个不易察觉的针孔，相机可以透过它进行监控。

将岩石涂成中性色或描出目标屋外景观的特殊纹理，将发射机与电池组放入防水的自封袋或特百惠容器。把容器埋入浅孔（埋得太深会导致信号发送失败），摆放好摄像头，使其能捕捉到进出建筑物的人的脸部。为确保相机的"视角"位置适当，直到最后一刻再拔下牙签，并利用牙签的角度来测量视野。

在安装过程中可以将喷胶喷在岩石镜头上，把现场收集的泥土盖在岩石镜头上作为另一层伪装。通过安装在距镜头200码（1码约为0.914米）处车辆上的远程监控，特工便能在自己的监视屏上监视来往的行人与车辆，并且被发现的风险极小。

No. 043: 组装并安装针孔摄像头

作战思想：利用无线婴儿监视器组装隐藏式摄像机。

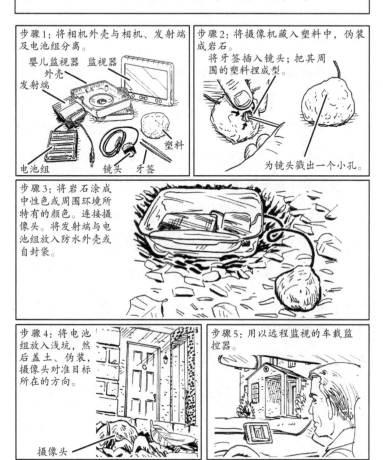

步骤1：将相机外壳与相机、发射端及电池组分离。

婴儿监视器 监视器 外壳
发射端
电池组 镜头 牙签
塑料

步骤2：将摄像机藏入塑料中，伪装成岩石。

将牙签插入镜头；把其周围的塑料捏成型。

为镜头戳出一个小孔。

步骤3：将岩石涂成中性色或周围环境所特有的颜色。连接摄像头。将发射端与电池组放入防水外壳或自封袋。

步骤4：将电池组放入浅坑，然后盖土、伪装，摄像头对准目标所在的方向。

摄像头

步骤5：用以远程监视的车载监控器。

本节要点：

无线摄像头价格便宜、便于购买，也易于伪装。

044 自制塑料

想要藏起有价值的数据、钥匙或是照相机和麦克风这类监控设备，只需要厨房中常见的两种食材就够了：牛奶和醋。加热并过滤后，牛奶中的酪蛋白会凝固成胶状的塑料般的物质，二者的混合物可以塑造成任何形状，干燥后可以达到粘土般的稠度。

与以逃生为主的体内藏物或以抹去"凶猛游牧民"电子签名为主的技术方案（第205页）不同，塑料藏物极适宜在特定环境下伪装贵重物品或监控设备。这种物质千变万化，可以塑形、上色，并模拟出岩石、砖块、圆木或任何事物的形状，从而成为"凶猛游牧民"用来向同事密传重要数据的首选情报接收点。

注意：加热时间可能会因微波炉的功率与设置而有所不同。

大众要点：

摄像头无处不在——要时刻假设自己的举动已经被拍摄了下来。

No. 044: 自制塑料

作战思想：利用牛奶与醋自制塑料。

步骤1：准备牛奶、醋、容器与过滤器。将18盎司（约1斤）牛奶倒入容器中。

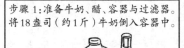

步骤2：加热4分钟。不要煮沸。

步骤3：一边加入8汤勺醋，一边搅拌。充分搅拌。

步骤4：过滤混合物。

步骤5：18盎司牛奶能制成鸡蛋大小的塑料球。

本节要点：

用自制塑料团隐藏监控设备或贵重物品。

045 发送匿名邮件

在现代黑客的眼里，受密码保护的电子邮件帐户与Wi-Fi连接简直就是小儿科。这类信息极客集大盗、骗子老千以及经验丰富的恐怖分子于一身。为了挫败他们，"凶猛游牧民"采用了最初由美国海军研究实验室成员开发的可作为安全通信工具使用的匿名网络。（具有讽刺意味的是，这也是最受罪犯及形形色色的黑市公司青睐的网络解决方案。）

这个名为Tor的网络通过位于世界各地的一连串志愿者服务器来加密及发送信息，从而避免可回溯的电子取证。通过伪装发件人的起始点，该网络可保护"凶猛游牧民"的地理位置不被第三方发现；与其姓名或身份毫无关联的匿名电子邮件帐户又提供了额外的保护。

众所周知，免费Wi-Fi热点缺乏安全性且易受黑客攻击，但是对于"凶猛游牧民"来说这些免费Wi-Fi极为有用，反而总是小心提防着不让自己家中或酒店客房的网络连接被人盯上。要想设置匿名的浏览会话，就要中转到正规模式之外的某处，然后访问不需要登录名或密码的免费Wi-Fi。接下来下载Tails，该操作系统以Tor为背景，非常便于

使用且不会保存任何浏览信息。载入后，使用Tails创建一
个完全匿名的全新电子邮件。生活在独裁政权下的公民们
希望进一步减少自己的电子足迹，因此常与亲近的人共享
电子邮件帐户。他们并不用这些账户收发邮件，而是通过
来回保存邮件草稿再分别查看的方式保持通信安全，因此
永远都不会产生任何引起人警觉的潜在流量。这种做法可
以为特工们效仿。

No. 045: 发送匿名邮件

作战思想：通过电子邮件匿名交流，不留一丝可回溯的电子证据。

步骤 1：转移至与家或工作地毫无关联的公共场所。连接上附近购物中心或咖啡馆的免费Wi-Fi热点。

步骤 2：下载 Tails 应用程序。

步骤 3：将 Tails 作为浏览器，创建新的电子邮件账号。

本节要点：

永远不要相信互联网——即便是最安全的网络也存在漏洞。

046 眼皮底下藏信息

　　无论"凶猛游牧民"多么小心地掩盖自己的行踪，任何数字信息的交换都有出现安全漏洞的危险。因此，特工们会采用多管齐下的手段，确保自身的信息安全。他们会经由匿名网络或虚假电子邮箱发送的信息进行各种多层加密（第144页）。以前的间谍们曾将装有信息的微粒照片藏在大头针的针头，现如今，特工则会将文本文档封入只有在解压后才能显示的数字图像之中。

　　若要初步形成加密文档，就要使用TextEdit或Notepad这类程序。避免使用任何会自动更新的文字处理软件；就算未保存至硬盘或云端，第三方仍有可能恢复这类程序所创建的文档。

　　在编写信息前，先将一幅无关紧要的图像粘贴到文本文档。

　　在图像上方或下方键入敏感信息。将字体颜色更改为白色并（或）将字体选择为某种符号，进一步增强安全性。就眼下来说，这能保证特工在创建信息时不被旁人窥见。消息发送时，图像文件的大小将是一道幌子，它能掩饰文本所占用的额外空间。

No. 046: 眼皮底下藏信息

作战思想：在一幅无关紧要的图像中隐藏敏感信息。

步骤 1：在安全环境下打开 TextEdit 或 Notepad 程序，选择一个旁人无法观察到电脑屏幕的位置。如果可能的话，背墙而坐。

步骤 2：剪切并粘贴一张无关紧要的图片到 TextEdit 或 Notepad 文档。

步骤 3：在图像上方或下放键入关键信息。

本节要点：

图像可以很容易地隐藏起附加的文字信息。

047　用普通照片隐藏和提取数据

一旦证实自己已被监视，再怎么小心都不为过。"凶猛游牧民"将沉潜下来，除了最基本的通信以及在拥挤的公共场所与同事碰面之外，一切活动暂停。如果非发送信息不可，单一形式的加密或隐匿消息的方式已无法满足要求——改变方法可以使潜在的破译员确定代码模式并加以破解变得更加困难。

尽管有些复杂，但将实物拍进照片的加密方法既能骗过人眼，也可糊弄过任何自动运动的解密软件。

采用这种方式就需要准备高像素的数码相机。（智能手机中的相机功能无法拍摄出像素足够高的图像。）在纸上手写或打印好信息。将实物藏在一幅摆拍照片的背景之中——一幢建筑的墙根或集体照背景中满满当当的公告栏里。

拍照时，焦点对准整个场景，然后放大照片查看，确保该条消息清晰可见。一定要以全分辨率的状态进行存储。将这幅照片混到一系列无关紧要的照片中间，下载至闪存盘，偷偷送进秘密情报交换点或通过与同事共享的电子邮件帐户撰写一封邮件草稿，将照片转至附件（参见第144页），只有那些真正寻找这些信息的人才能发现其中的奥秘。

No. 047: 用普通照片隐藏和提取数据

作战思想：将敏感信息藏在照片的背景之中。

步骤1：准备像素高的相机。

步骤2：将敏感信息放置在摆拍照片的背景之中。

步骤3：拍照时将焦点对准整个场景。通过电子邮件将照片发送给指定接受者，删除相机中的照片。

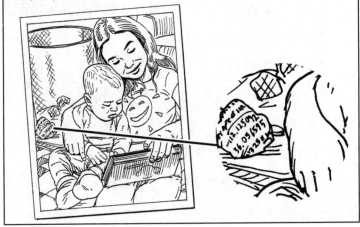

本节要点：

最好的加密方式应能同时骗过软件与人眼。

第六部分

作战行动：抵抗、破坏、削弱能力

048　拔出夹藏的手枪

　　许多配枪出行的普通人在练习标靶射击时，常常忽略拔枪训练。人们常常低估迅速、流畅地拔出暗藏手枪的重要性，但这却是成功自卫的关键。面对已经持枪准备射击的袭击者，哪怕不到半秒的延迟都会严重影响生存的机会。因此特工们知道，苦练拔枪技术（使用空膛武器），了解每种特定手枪皮套的复杂之处极为关键。两个常见的问题就是摸索武器动作缓慢笨拙以及在拔出武器的同时带出了皮套。

　　衬衫未塞入裤子中，拔出武器：一次流畅的拔枪动作可以分解为三个独立的阶段。首先，特工用拇指"勾起并向上撩开"衬衫，有效地将衣物撩至一侧，以免在拔出武器时将其与衣服纠缠在一起。其次，持枪手从枪套中拔枪时，非优势手拉起衬衫。第三步，持枪手的手腕向前推，将枪指向目标时，非优势手变为支撑手。自始至终，特工的眼睛始终盯着目标不放。

　　从外套内拔枪：拔枪时，衣摆飘向前方的外套十分碍事——在口袋中放一捆硬币，将夹克的重心向下拉，这项简单的技巧便能解决这种麻烦。用持枪手将夹克向后拨，与此同时拔出武器。

在这两种情况下，支撑手的作用也同样不容忽视，它可以在快速拔枪的同时稳住瞄准目标——如果左右两手能够协作同时完成动作，整体行动将更为迅速和有效。

No. 048: 拔出夹藏的手枪

作战思想：避免在拔出夹藏手枪时出现各类常见问题。

1：从未塞入衬衫的裤子中拔枪。

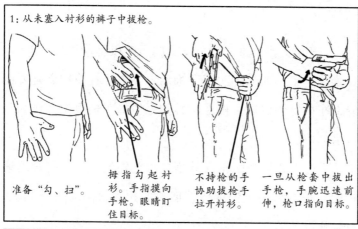

准备"勾、扫"。

拇指勾起衬衫。手指摸向手枪。眼睛盯住目标。

不持枪的手协助拔枪手拉开衬衫。

一旦从枪套中拔出手枪，手腕迅速前伸，枪口指向目标。

2：从外套下拔枪。

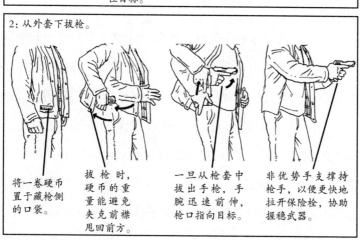

将一卷硬币置于藏枪侧的口袋。

拔枪时，硬币的重量能避免夹克前襟甩回前方。

一旦从枪套中拔出手枪，手腕迅速前伸，枪口指向目标。

非优势手支撑持枪手，以便更快地拉开保险栓，协助握稳武器。

本节要点：

枪战的胜利始于拔枪的那一刻。

049　从车内进行射击

对于卷入敌对双方激烈交火的司机和乘客来说，三十六计走为上策。如果无法驾车逃离，下车寻找掩护点则要比躲在车内更为可取。停在枪林弹雨中的车辆很快会成为一具水晶棺。

不过，如果被困车内的是技术娴熟的特工，能否迅速拔枪、是否掌握子弹穿过玻璃时的相关射击动力学知识，就生死攸关了。

驾车时将武器置于何处，拔取时才更顺手？这个问题因人而异，对于善用右手的人而言，将武器别于臀部左侧便可在交火时迅速拔枪，并且不会受到安全带插扣的阻碍。

瞄准时身体向下后仰，这样可以保护头部，隐藏自己的同时远离玻璃。挡风玻璃是凸起的曲面，弧面会改变子弹的轨迹。为修正轨迹，特工需瞄准低处——如果瞄准的是目标的骨盆，透过挡风玻璃的子弹则会击中其胸部。

特工常会击出多发子弹，第一发击碎玻璃，第二发命中目标。要对射击带来的震动做好准备。因为第一枪射出时，特工身处密闭环境，由此产生的噪声和压力都将十分巨大。

多数车窗都为夹层钢化玻璃，破裂后会出现花瓣状裂纹，但不会飞溅成四散的碎片。不过射击任何玻璃时，都有可能严重受伤。为保证安全、调整射击目标，应向外推开或踢落已呈蛛网纹状的玻璃。

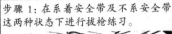

No. 049: 从车内进行射击

作战思想：透过挡风玻璃安全、准确地射击。

步骤 1：在系着安全带及不系安全带这两种状态下进行拔枪练习。

步骤 2：身体后仰，远离目标及挡风玻璃——既能保证不被恶徒发现，又能在玻璃渣飞散时与其保持安全距离。

步骤 3：透过挡风玻璃射击时，应调低瞄准的位置；挡风玻璃的曲面会导致子弹击中目标的位置上移。

步骤 2：击出多发子弹：第一发击碎玻璃，第二发射中目标。

本节要点：

　　有机会就弃车逃跑；如果被困车内，尽量多射几发子弹。

050 在械斗中胜出

刀具极易获取，而且手中明晃晃的刀子会叫人胆战心惊。想摆出一副凶狠模样却完全不懂械斗基本知识的普通罪犯常会选择使用刀具。因此，特工们清楚，掌握正确的械斗技巧会成为在袭击中生存下来的一个关键。

防护：保护身体重要器官不被对手的刀具所伤。举起手臂格挡、将身体转向一侧，以此防止敌人夺刀。指关节转向攻击者，保护手腕及前臂上的动脉、静脉。

握刀：特工总会将刀柄完全握于手中。拇指向前伸至刀柄顶端的这种姿势极不安全，因此，他会弯起拇指握住刀柄，以免斗争中受伤或被夺刀。

攻击的角度：为削弱对手的力量，可沿八个攻击角度之一进行刺、切。这类动作能划开对手肌肉，使其失去行动能力，从而使自己占据上风。

切点：在生死攸关的搏斗中，特工会试图刺向对手的一条大动脉，对其造成致命伤害。大腿内侧的股动脉是最易疏漏之处。

大众要点：

如果无法安全使用刀具，就完全起不到防御作用——它更有可能危及到持刀者而非袭击者的生命。

No. 050: 在械斗中胜出

作战思想: 将刀具作为具有针对性的有效自卫武器。

本节要点:

刀具随处可见;掌握用刀之术,应对突发危机。

051 一击制胜

特工一旦出手，目的即直取对手性命，而当他们挥拳时，也会力求一击制胜。

一击制胜的关键在于，拳头击中脑部时要能使脑脊液前后震荡。落在太阳穴、下颚或下巴处的重击能对大脑前部（"冲击性"伤害）及后部（"对冲性"伤害）造成损伤，令对手失去意识，特工因此有足够的时间逃脱。

干净利落的挥拳所蕴含的力量来自于其核心的旋转动作，前跨两步所带来的动力可增强这一力量。为确保拳头落下时力量十足，特工会将指关节对准头骨后部。挥拳之前，他会用非优势手送出一系列猛击，以分散对手注意力、消耗其体力，而后再用主导手出其不意地挥出有力的直拳。

尽管从战略的角度来说，肉搏战永远不可取，但即便是最周密的计划也可能出现意外。不论是在撬锁时遭遇猝不及防的袭击，还是仅仅在错误的时间出现在了错误的地点，特工也许会在执行任务的过程中不可避免地遇上许多对手。在这种情况下，拔出武器会引来不必要的关注，因此遭遇突袭时，特工会力争一击制胜，尽快清理现场。

No. 051: 一击制胜

作战思想：挥出一记右勾拳来结束战斗。

1：可增加一击制胜胜算的着力点

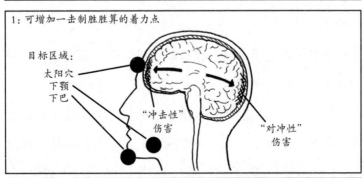

目标区域：

太阳穴
下颚
下巴

"冲击性"
伤害

"对冲性"
伤害

2：挥拳前向前迈出两步，这样可以使拳力成倍增强。在迈步、转身、伸出右臂的过程中便可聚集力量。

握拳时将拇指置于第二节指关节下。

以前两处指关节击向对手。

右臂与右腿联动。

左脚迈向对手。

右脚前迈一步，身体从臀部转至右臂。

击拳手臂伸出，旋转拳头击中目标。

本节要点：

出其不意、力道十足、精准无误，这就是一击制胜的秘诀。

052 以肘击打败敌人

"凶猛游牧民"接受过专门训练，能在任何情况下发起致命攻击。他们精通各种肉搏战，并且总在寻找最有效的方式结束战斗。

手肘是人体最尖硬的部分。若能借助冲力从设计好的角度发起攻击，肘击也能撕裂皮肤，造成重伤，实现一击制胜。尽管拳打与脚踢都有可能击倒对手，可若是对手近在咫尺，肘击就更具可操作性——搏斗时双方常会纠缠在地，在这种情况下也可以运用肘击代替拳击。

要摆出正确姿势，就要先曲起手肘，张开主导手，将拇指固定于胸部。这样做可以防止击出手肘时伸直手臂。肘击的力量在很大程度上来自于核心的旋转，手肘将成为临时冲力支点。伸直手臂会减弱冲力，延长收回时间。

尺骨是贯穿前臂的刀锋状骨头，可将其作为次要触点；五指张开可防止前臂肌肉收缩，裹住尺骨，这样锋利、致命的尺骨就能显露出来。

如何进行攻击？手肘对准喉部、太阳穴或下巴，以这种方式进行肘击便有很大可能打晕对手或严重削弱其行动能力。

No. 052: 以肘击打败敌人

作战思想：以适当的肘击攻击对手脖子及其头部。

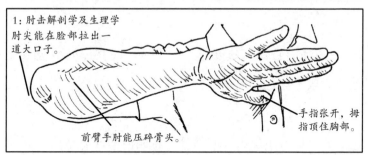

1：肘击解剖学及生理学
肘尖能在脸部拉出一道大口子。

前臂手肘能压碎骨头。

手指张开，拇指顶住胸部。

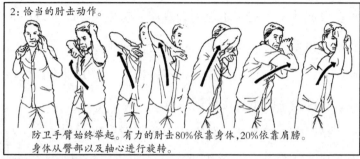

2：恰当的肘击动作。

防卫手臂始终举起。有力的肘击80%依靠身体，20%依靠肩膀。身体从臀部以及轴心进行旋转。

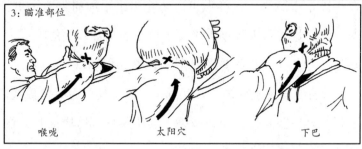

3：瞄准部位

喉咙　　　　　太阳穴　　　　　下巴

本节要点：

干净利落的肘击甚至比拳击更为有威力。

053　制作简易泰瑟枪

举着相机拍照的游客几乎不会引起人们的警惕，对于指望利用普通的一次性相机制作出简易自卫武器的"凶猛游牧民"而言，这可是一则好消息。

普通人也好，特工也罢，选择非致命性的方式进行自卫至关重要。然而，现成的泰瑟枪不容易买到，因此，"凶猛游牧民"有时必须在行动地区内购买一次性相机，制成简易版泰瑟枪。

经过一系列改装之后，相机可变身为实用的泰瑟枪——重新布线后，原先为闪光灯供电的电力被引到两个凸起的螺钉上，这种电荷足以使袭击者暂时行动瘫痪。被击中的对手很可能会倒地，并在几分钟内丧失行动能力。120~380伏的电流能穿过组织和神经，在体内产生静电，从而干扰大脑与肌肉之间的通讯。其结果就是运动机能受损、肌肉不由自主地收缩，从而成为有力的非致命性自卫方式。受过训练的特工需要认真参照下列步骤制作简易武器：

清空电容器：在拆开相机前，卸下电池、按下闪光键，这一点非常必要。这将耗尽电容器中储存的所有电力，以防在组装过程中意外触电。如果电容器未能正确放电，受伤的风险将会非常高。

拆开相机：小心地拆除相机外壳，卸下电路板、闪光灯、胶卷以及电池。拆散闪光灯组件和电路板。

准备工具：准备螺丝刀和剥线钳各一把，4英寸长的绝缘线两条、小螺丝两颗。在丢弃整卷胶卷之前，剪下一小段留用。

重新布线：剥去电线两端的绝缘线。将电线末端绕在螺丝顶端。从胶卷盒处将螺丝拧进相机壳中。将电线另一端缠在电容器的接线柱上，用电工胶带固定。这样一来，相机的电流就改为由电池处流向两颗螺丝。

重新组装相机：复原电路板，将电线塞在电路板四周。

插入安全机制：将剪下的底片插在电池与蓄电池端接线柱之间，以防改装后的相机意外放电。

装回外壳：把相机外壳装回后，相机外观看起来与游客背包中的相机没有多大区别。

使对手丧失行动能力：使用简易泰瑟枪时，采用刺杀的动作将螺丝钉入对手肉中。碰撞会带来显著的震动，但如果设备无法放电，刺破皮肤也应能对袭击者造成足够伤害，令特工占据上风，迅速逃离。

注意：制作简易的泰瑟枪可要比看上去危险得多。电容器充电期间，应避免触摸相机的电容器或电路板的任何部分。放电可能会造成使人丧失行动能力的严重休克。只有在极为紧急的情况下才可将泰瑟枪放电。

No. 053: 制作简易泰瑟枪

作战思想：将带有闪光灯的一次性相机改装成泰瑟枪。

步骤1：准备一台带闪光灯的一次性相机。拆掉电池，按下闪光灯按钮——这样能耗尽电容器中所存储的电力。

步骤2：仔细地拆除相机外壳，卸下所有部件：相机的塑料外壳、电路板、闪光灯以及电池。从电路板上拆下闪光灯泡组件。

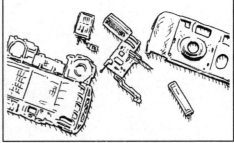

步骤3：准备螺丝刀、电工胶带、两根4英寸长的绝缘线、两颗小螺丝以及从相机中取出的一片底片。

步骤4：剥除4英寸电线两端的绝缘层。将电线的一端绕在螺丝顶部。

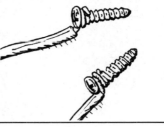

步骤5：将螺丝拧入放置胶卷的相机外壳正面。

步骤6：将电线另一端缠在电容器的接线柱上，必要时用胶带固定。

步骤 7：将电路板放回外壳中原来的位置，同时装好电线。

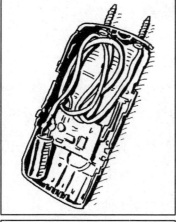

步骤 8：安装电池，在电池与蓄电池端接线柱间插入一片底片，防止两者接触，从而防止电容器充电，使泰瑟枪处于安全的锁定状态。

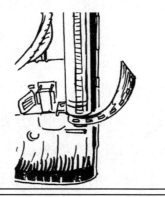

步骤 9：将前后外壳卡在一起，只留胶卷盒在外面。

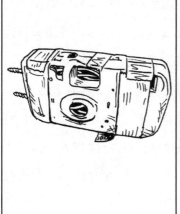

步骤 10：拆除胶卷盒。电容器几秒内即可充电完毕。将两颗螺丝刺入敌人体内——电容器会自动充电。

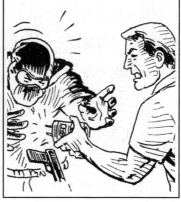

本节要点：

　　带闪光灯的一次性相机电容器能产生380伏类似于泰瑟枪的威力，使人失去行动能力。

054　制作简易爆炸装置

如果没有队友支援，试图渗入目标家中的特工就必须依靠简易的声东击西装置来分散敌人安保单位的注意力。几个世纪以来，分散注意力的物品一直是军事行动的一部分，对于单独行动的战士来说，尤为有用。

一次性打火机可以制成两种声东击西的设备。其一是瞬时闪烁，可令对手暂时失明而又不至于损坏周围的财产（参见第172页）；其二是引爆相当于1/4根雷管的炸药。与燃烧弹及许多其他类型的自制爆炸装置不同，该工具无需提前改装即可使用——这就意味着，如果在搜身时被发现，也不会引起怀疑。胶带与一只打火机，只要这两者便足矣。

若想使爆炸造成伤害、破坏财产、引发持续混乱，特工会选择气体打火机而非棉油打火机；气体打火机会带来一系列危险，在部分国家已经禁售，但在其他一些国家依然能够很容易找到。

关键就是要松开打火机的火焰调节齿轮直至气体开始泄露。滚动火石钢轮，点燃火花时，用胶带或束线带将打火机向下倾斜着安装，火焰将融化塑料外壳。1~2分钟后，火焰会烧穿打火机外壳，瞬间点燃储槽中的所有气体。

No. 054: 制作简易爆炸装置

作战思想：制作简易爆炸装置，分散敌人注意。

步骤 1：准备胶带与可调节火焰的打火机。拆除护板。

护板

步骤 2：将棘轮滑动至"＋"处，增加火焰高度。

步骤 3：抬起棘轮，使其与火焰调节齿轮分离。将抬起的棘轮移回至"－"处。按下棘轮，再次滑至"＋"处。

步骤 4：重复上述过程，直至打火机开始自行漏气。

步骤 5：棘轮向下，将打火机用胶带或束线带以一定角度固定在目标物体上。

步骤 6：打火机将融化自己的外壳，随后……"嘣"！

本节要点：

气体打火机可以用来制成最为有效的分散敌人注意力之物。

055　制作牵制性闪光弹

　　爆炸、车祸、火情警报、断电……不论走到地球的哪个角落，特工所到之处都会出现这一类"事件"——在其完成任务、消失在夜色之中时，轻易地转移执法人员、路人或目标的注意。面对突袭，这些能够转移注意力的东西也可以用来协助逃脱，因而随身携带一种隐秘的便携式牵制设备便可以救命。不到两分钟的时间内，用普通的一次性打火机制成的简易装置会发出炫目的闪光，如果在黑暗之中使用，可令人眼在10分钟内出现暂时失明的状况。

　　该装置模拟眩晕弹或"闪爆弹"装置，通过隔离并加热打火机的燧石产生发光作用，该火石由金属化合物制成，一旦点燃便会快速升温、并产生炽热的光芒。加热后的燧石撞击地面，产生的闪光会被误认为是爆炸。从本质上说，这一行动将在瞬间耗尽打火机全部的燃料。

No. 055: 制作牵制性闪光弹

作战思想: 利用打火机部件生成短暂的炫目闪光。

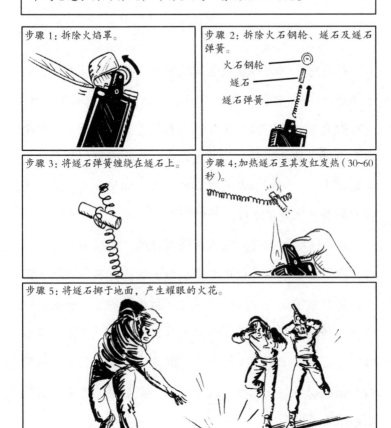

步骤 1: 拆除火焰罩。

步骤 2: 拆除火石钢轮、燧石及燧石弹簧。

火石钢轮

燧石

燧石弹簧

步骤 3: 将燧石弹簧缠绕在燧石上。

步骤 4: 加热燧石至其发红发热 (30~60 秒)。

步骤 5: 将燧石掷于地面, 产生耀眼的火花。

本节要点:

完全黑暗状态下突现的闪光能使人眼在10分钟内无法看见物体。

056　制作燃烧弹

　　莫洛托夫燃烧弹是叛乱与城市战中的经典武器，它始于西班牙内战，并在"二战"中获得了这一名字。时至今日，这种燃烧装置依旧是主张夺回权利的煽动者以及人们无法获取更先进战斗工具时的首选武器。作战时可以将其扔过路障或大门，因而为那些以高度戒备的建筑物或管辖区为目标的巷战提供了选择。

　　对于试图将自己掩饰成普通群众的"凶猛游牧民"而言，燃烧弹提供了一种可快速组装的解决方案，能够远距离投掷并制造出大规模的混乱，而且不会留下一丝痕迹说明政府曾参与其中。除了明显的攻击性用途，燃烧弹也可以作为心理战（第194页）的一部分或一种声东击西的策略，将围观者与安保部队的注意力引向燃烧的汽车，而其则趁乱溜进目标建筑。

　　将燃料注入玻璃瓶中即可制成基本版的燃烧瓶，但加入机油与肥皂则会使自制燃烧弹更为易燃。机油比汽油更粘稠，产生的火焰更为持久。肥皂屑能产生胶凝效应（混合物静置一夜后尤是如此），形成的物质犹如凝固汽油，能延展并粘附于物体表面燃烧，威力巨大。浸透了燃油

的卫生棉条可以制成塞子及导火索。点燃导火索、掷出
瓶子后，冲击力会震碎玻璃，燃起致命且能快速扩散的
火焰。

No. 056: 制作燃烧弹

作战思想: 制作、投掷简易燃烧弹。

步骤1: 准备燃料、油、肥皂、卫生棉条、玻璃瓶及火柴。

步骤2: 将5杯燃料、一杯油及半块肥皂刮成的肥皂屑进行混合。(肥皂将使混合物凝结成凝固汽油)。

步骤3: 用卫生棉条堵住瓶口。

步骤4: 点燃卫生棉条导火索, 掷出燃烧瓶。

本节要点:

燃烧瓶可用于制造大规模混乱。

057 精确截停目标车辆

坐在车内的司机多半会觉得自己相对较为安全。尤其在穿过自己熟悉的区域时，他们往往对周围的环境不以为意——因此对特工而言，对准敌方行车沿线中最为脆弱的部分，准备制造一起"车祸"不失为一个可靠的选择。

"凶猛游牧民"是进攻性兼防御性驾驶技术的专家，他们知道如何将车辆转变成极其有效的武器。恰当的车辆攻击可以在不牵扯任何官方行为的状态下，使目标丧失行动能力或彻底摧毁。其中的一种方法就是精确截停术（PIT）。精确截停术在美国执法部门的历史已有数十年，是一项迫使逃亡车辆突然侧身旋转，从而导致车辆失控，被迫停下的追击战术。

精确截停术的关键在于，特工在整个碰撞过程中必须维持自己的车速。车速低于每小时35英里时进行精确截停，会导致目标车辆侧转、碰撞。若是时速高于每小时35英里进行精确截停便极为致命，很可能会导致对方车辆彻底翻车；如果在车速低于每小时35英里时被截停，SUV、货车等高重心车辆容易翻车。

技术娴熟的特工会在最不易被人察觉的地点进行精确截停，风驰电掣般地加速驶离现场并躲开任何潜在的目击证人的视野范围。

No. 057: 精确截停目标车辆

作战思想：利用精确截停技术使目标车辆无法动弹。

步骤1：行至目标车辆后方1英尺处。前保险杠对齐目标车辆后胎。

步骤2：以稳定的车速撞向目标车辆。

步骤3：目标车辆被撞开后，不要刹车。

车速超过每小时35英里

车速小过每小时35英里

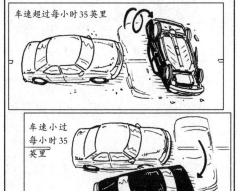

步骤4：加速驶离现场。

本节要点：

如果车速超过每小时35英里时，精确截停便会带来致命的危险。

058 夺枪：枪指向前胸时

如果一个蒙面人从暗处出现，近距离以枪指向我们的胸口，那么脑海中出现的常识告诉我们，此时应该举手投降。在某些情况下，这可能是最明智的选择。如果袭击者索要钱包、车钥匙或贵重物品，应交给他们并任其逃脱。但如果袭击者的目的是绑架或枪杀，成功控制对方武器的几率则会比预想的要高。

军事训练显示，如果枪手遇到手无寸铁的目标，最先出手的一方往往是获胜的一方。即便是6~8英尺开外，手无寸铁的目标也能在枪手扣动扳机前奔至他的面前并且缴下其武器——这与枪手在面对突发事件时的延迟反应有关。

解除对手的武装是一项高风险的策略，不过，特工们会采用下列方式增加自己的胜算：

扭转身体并控制武器：将身体转离射击范围的同时扣住对方手部及枪身。

将枪管转向对手：拧转枪口，对准对手前臂。

抽走武器：猛拧并抢夺武器，同时继续将枪管掰向一侧。

控制武器：从对手手中抢得武器后，应迅速后退，查验枪支，确保武器能够随时开火。瞄准，随时准备在对手拔出备用武器时进行射击。

No. 058: 夺枪: 枪指向前胸时

作战思想: 缴下敌人手中指向自己胸口的手枪。

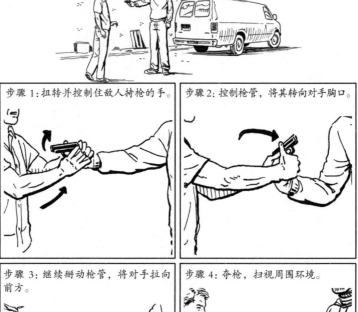

步骤 1: 扭转并控制住敌人持枪的手。

步骤 2: 控制枪管, 将其转向对手胸口。

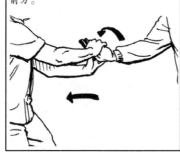

步骤 3: 继续掰动枪管, 将对手拉向前方。

步骤 4: 夺枪, 扫视周围环境。

本节要点:

先夺枪, 再搏斗。

059 夺枪：枪抵在后背时

出其不意的效果总是强有力的。这就是为何罪犯都倾向于从背后偷袭目标——在目标打开房屋前门时从灌木丛一跃而起；在目标翻找车钥匙时从停泊的车辆后发起攻击；或是当目标在街角的ATM机上操作到一半时，从暗处突然现身。

尽管不可见的武器可能会带来锁死—放松的本能反应，但即便被枪口抵住后背，训练有素的特工也能控制住暴力争斗的走向。如果袭击者仅仅只想抢夺物品，那么，就算是经验丰富的特工也会选择乖乖交出物品，放任他们逃走。另一方面，他们会迅速、突然地采取措施应对来自绑架或针对身体伤害的威胁。首先，特工会向后顶住武器；这么做可以使半自动手枪的击发机制无法发挥作用。随后，采用旋转—袭击的动作，将手枪夹在腋下，这一招会令对手出乎意料却十分有效。

No. 059: 夺枪: 枪抵在后背时

作战思想: 缴下敌人手中抵着自己后背的手枪。

步骤1: 确定袭击者是否为左撇子。

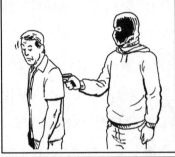

步骤2: 举起双手顶向武器, 准备转身控制武器。

步骤3: 向内侧转动, 外侧手臂向下摆动, 置于手枪之上, 以此控制住对手持枪的手。

步骤4: 缠住并控制手枪, 猛击袭击者直至其失去意识。夺枪, 扫视周围环境。

本节要点:

即便看不到武装袭击者, 也能控制住最终的局面。

060 从移动狙击手的枪下逃生

对于突发性枪杀事件的常见描述便是受害人（或者即将成为受害人）面对黑洞洞的枪口，无助地蜷缩在地面，即便袭击目标人数远胜枪手时亦是如此。然而，历史经验表明在实弹面前毫不动作将从根本上减少自己的生存机会。

无论遭遇的是独狼式袭击，还是一群恐怖分子的攻击，陷入枪林弹雨中的普通民众也可以用这三条策略：跑、藏、战。三十六计，走为上策。战斗则是无奈之举。

跑：如果与袭击者间的距离足够远，并且能即刻发现可行的逃生路线，就可以考虑逃跑。将财物留在身后，逃跑时不应状似无头苍蝇。击中移动目标的难度更大，因此逃跑时宜采取"之"字形和（或）从一处掩护处跑至另一处。

藏：如果无法成功出逃，下一步就是找到最安全的区域，尽可能确保该区域的安全。

- 躲在袭击者视线之外，将手机和其他数码设备调成静音。
- 如果可能，锁上房门或制作路障。用手边的物件顶住门：书桌、餐桌、文件柜等其他家具或者书籍等。关起百叶窗，拉上窗帘。

- 受害者应试图将一些物品置于自己与袭击者之间。如果处于房门紧闭的屋内，就应躲在远离门口的结实物体背后（可以参考第31页"寻找紧急防弹掩体"一节所介绍的首选物品）。

- 利用手机、固定电话、电子邮件、短信及收音机进行求救，第一时间召唤营救人员前往现场。

- 在窗内贴上标识，指明伤者的位置。

- 开门前先考量风险。袭击者也许会大力捶门、呼喊救命或受害者目标开门前往某一安全处所。

多数弹起的子弹都会贴着地板飞行，因此，子弹横飞时，应蹲下或手脚并用地爬行而不能躺倒；躲避手榴弹或爆炸物时，则应张嘴躺于地面（防止肺部因压力过大而破裂），脚朝向爆炸方向，手指交错置于脑下（保护脑部）。

战：战斗是无计可施时所用的最后一招。然而，需要理解极为重要的一点，即战斗是一种选择：手无寸铁的受害者也有可能有效解除袭击者的武装，使其丧失战斗力，当袭击目标在人数上胜出时尤是如此。记住，一支枪一次只能射向一个方向。袭击者们通常认为自己在亮出武器后便能吓倒目标，因此任何反击都可能令他们猝不及防。

如果之前曾接受过专业的战斗训练，就会具有一些优势，但即便是不习惯战斗且未经训练的人也能贡献自己的力量，目标们应开展积极的团队协作，由一人或多人负责制服枪手上半身，而另外等人控制其腿部。首要目的是控制住武器，随后制服枪手，将其按倒在地或击倒，以便逃脱。

发动身体攻击暴力制服。

将身边的物品砸向袭击者。

如果不是孤军奋战就请与他人联手。

绝不盲目行动，哪怕思考的时间极短。

使用简易武器击向枪手——工具、体育用品、任何紧密、坚硬的物体。用所有能灼伤人眼或致盲的物品损坏枪手的视力——清洁产品、燃油、盐、胡椒粉。

击打枪手时，在其陷入昏迷、没有进一步举动之前不停手——绝不要停手。

相关技能：

第28页，利用应急防弹衣；第31页，寻找紧急防弹掩体；第180页，夺枪：枪指向胸前时；第183页，夺枪：枪抵在后背时；第163页，以肘击打败敌人；第161页，一击制胜；第192页，躲过手榴弹的袭击。

No.060: 从移动狙击手的枪下逃生

作战思想:跑、藏、战,三招躲过独狼式或群体式袭击。

步骤1:跑。从一处掩护点奔至另一处。

步骤2:藏。藏好自己,但不能因此遮住视线——时刻观察枪手的一举一动。

步骤3:战。制定计划,组成团队,富有闯劲。

本节要点:

脚步不停,盯紧枪手。

061 制作简易防毒面具

执法部门常使用催泪弹来防暴，催泪瓦斯是世界上最为常见的非致命性化学武器。该物质会刺激眼睛、鼻子、喉咙和皮肤，引发剧烈疼痛、灼伤、窒息、流泪、暂时性失明、起水疱、呕吐等一系列感觉，虽然持续时间不长，却能削弱人的活动能力。

不过，除却对身体所造成的影响之外，催泪弹还有一个更大的潜在威胁：催泪瓦斯的使用可能是大规模拘留的前奏。一旦人群失去了行动能力，执法人员便可能借机将范围内的所有人全部逮捕。鉴于政府有时会将被羁押的外国人作为一种政治货币，对于任何身处不稳定地区的游客而言，无意间卷入这类政府镇压会带来真正的问题。

遭遇政府暴力控制人群时，自卫反击的第一要义就是时刻警惕第三方的活动。一般来说，应把避开示威者聚集的地区作为首要行动前提。如果特工路过这种地区并感受到这种混乱近在眼前，就应试图尽快离开此处。

如果不得不途经有可能被催泪瓦斯袭击的区域，就需要用空塑料壶、海绵及透明胶带制作一只简易的防毒面具。

吸饱清水的海绵可以成为有效的过滤器。一旦用胶带固定在特工的面部，该设备便足以作为临时的防毒面具（不密封）来用。

No. 061: 制作简易防毒面具

作战思想：利用牛奶罐或果汁罐制作简易防毒面具。

步骤1：准备空的塑料罐或塑料瓶、海绵、透明胶带和剪刀。

步骤2：如图所示，剪出两个相连的三角形及一个椭圆形的视物口。去除盖子。

步骤3：用清水浸透海绵，压在喷嘴上。用包装胶带粘住前开口。

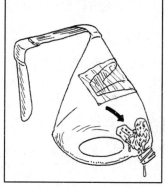

步骤4：用胶带将面具边缘粘在脸上，隔绝催泪瓦斯。

本节要点：

在社会动荡时期，撤退的能力就显得尤为重要。

062 躲过手榴弹的袭击

手榴弹袭击曾被归入主动作战的范畴，但它已日益成为恐怖主义者及国内动乱分子用以制造意外混乱的典型工具。手榴弹的出现往往令人无法事先设防，不过，这种攻击所构成的风险仍可以降低。

手榴弹爆炸时一般会呈现出倒锥形，由此产生的冲击波的杀伤范围可达6米（型号不同的手榴弹间存在差异）。虽然旁观者有可能在爆炸后冲击波袭来前的几秒内逃开，但是直立的姿势仍会使其很容易被弹片所伤。如果几步之内找不到掩护位置，就向前大跃一步，远离手榴弹，同时卧倒。这么做的目的是远离锥形爆炸区及弹片飞射的轨迹，而弹片很少会贴地飞行。

为保护大脑，双脚应朝向爆炸源。双腿交叉，护住股动脉，双手捂住耳朵，以防鼓膜破裂。肘部紧贴胸腔、口腔张开，调整内外压力，以免肺部爆裂。

必须清楚，城市建筑设施也会加剧爆炸的危险——水泥建筑物与玻璃窗户共同形成了一连串的潜在危险。爆炸将使周围环境散射出第二轮致命炮弹。

No. 062: 躲过手榴弹的袭击

作战思想：手榴弹爆炸时应采取的救生措施。

1：几步就能跑到掩护物那里吗？如果可以，立即躲到掩护物的后面。

2：若找不到掩护物，便前跨两大步离开爆炸源，向下卧倒。

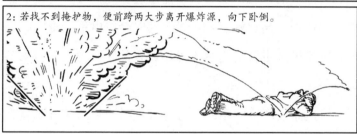

3：身体姿势要正确。

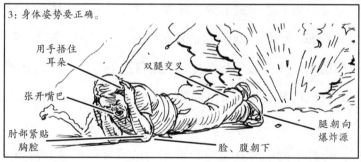

用手捂住
耳朵

双腿交叉

张开嘴巴

肘部紧贴
胸腔

脸、腹朝下

腿朝向
爆炸源

本节要点：

不要试图跑得比爆炸源或碎片更快；这场比赛你永远是输家。

063　发起心理战

　　一旦对于某个已知罪犯的长期监视已无法得到更多信息，特工便可能会转向心理战，激起目标的反应。

　　如果目标怀疑自己正被人监视，并因此削减了日常行动和与同伙的接触，那么只要能激起对方的妄想症就能获得新的情报。当目标感觉走投无路时会打电话给谁？打破现在固定模式也许能揭示出可供调查的新行为动向或第三方身份。

　　根据监视环境的不同，心理战包括从投递信件到旨在引发恐惧而非造成损害的"软攻击"等战术。用匿名书信骚扰目标（比如"我们知道你的身份"）有助于营造一种全然的不安感。假装是来自邻里的信息也许能说服目标相信，自己已被一股不友好的势力所包围，一举一动在他们眼里一览无余，因此迫使其联系同伙、寻求援助。

　　小打小闹的骚扰也可以升级为故意破坏或是软攻击。通过使用远程战术，如投掷燃烧弹（参见第174页）或是从行驶的车辆中进行扫射，孤军奋战的特工也能营造出其背后仍有多人团队支持的错觉。

　　任何一种心理战的目的都是扭曲监视目标对现实的感

知，从而带来其行为上的改变。这种战术能避免全面攻击带来的弊端，使特工成为隐身人，因而能从更有利的位置继续完成侦察任务。

No. 063: 发起心理战

作战思想: 以胁迫的方式与敌人战斗。

步骤1: 投掷信件。

步骤2: 故意破坏。

步骤3: 软攻击。

本节要点:

心理战能给对方一种袭击者人数众多的错觉。

第七部分

抹除痕迹：无迹可寻

064　不留任何 DNA

　　尽管从黏液与汗水痕迹中即可提取DNA样本，但真正能在司法鉴定中验出DNA的还是人体组织和皮肤细胞，这就是为何最凶残的罪犯与强奸犯甚至会小心去除脱落的皮肤细胞、杜绝因某根掉落的发丝而泄露身份信息的可能，去用力擦洗并剃光身体及头部的毛发。（剪落的发丝所得出的鉴定结果会产生变化，但自发根提取的细胞却包含了有价值的遗传信息。）

　　彻底、用力擦洗全身能大幅降低留下痕量DNA的几率，因此特工会从头搓到脚，边洗头边梳发。

　　选择能遮住全身的衣物，用热水多次洗涤或购入全新的服装。牛仔布与棉布是世界上最为常见的纤维制品，因此最不易追踪其来源。购买服装时，要留心不触碰到衣物，并一同买下挂在真正打算穿着的服装前后的衣服，以免在将其取下衣架时发生接触。穿戴前先戴好手套，并戴上帽子包住头发。

　　到达目标区域后，用手术口罩或是能罩住全脸的滑雪面罩遮住口鼻，以免唾液或黏液飞散。他只触碰必碰之物。

如果某处已被接触到，试图进行清理就无异于大海捞针，最好从一开始就避免落下痕迹。一旦安全离开目标区域，立即焚毁所有的行动装束。

No. 064: 不留任何DNA

作战思想：降低留下法庭科学取证线索的几率。

步骤1：沐浴，用力擦尽全身已脱落的皮肤碎屑与毛发。

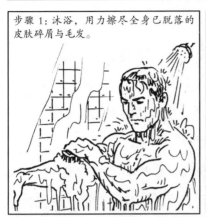

步骤2：穿戴时确保从头到脚没有一处裸露在外。

步骤3：抵达目标区域后，遮住口鼻，以免任何黏液、汗珠或泪水滴落。

步骤4：只碰必碰之物。

步骤5：结束后焚毁行动装束。

本节要点：

皮肤细胞中含有DNA，因此减少皮肤裸露的面积是消灭证据的关键。

065　不留一枚指纹

犯罪分子与执法人员都知道，大众媒体往往会夸大指纹比对匹配的效果与使用频率。脊线、涡纹、分叉，这些"特征点"造就了属于每个人独一无二的指纹，但只有当十几个或更多特征点均能够匹配时，才能在法律上形成关联性，而运动与天然油脂往往会使指纹模糊不清或造成其他认证缺陷。尽管如此，特工们还是会采取极端措施，避免留下证据被人认出身份。

抹除痕迹的关键是遮盖指纹，彻底清洁行动工具。这一过程极为漫长，自行动伊始至结束都不能掉以轻心——如果一位特工在目标区内出色地隐藏起自己的行踪，却未能恰当地清除留在借以跑路的车辆或工具上的痕迹，就会面临引火烧身的危险。用油漆稀释剂等酸性物质彻底擦拭所有装备（该任务所需的撬锁工具或武器），分解油脂，也是任务准备中必不可少的一部分。

特工还会在行动的各个阶段更换手套，以避免将可识别的纤维或物质从安全的藏身所带至目标区。如果在某处戴上手套太过惹眼——在办公室检索信息或青天白日出现在公共场所，就用强力胶抹平指纹或用浮石挫平指纹。

若想长期抹去指纹，特工可以设法获取化疗药物卡培他滨（Capecitabine），事实上部分国家对药品的监管并不严苛。

　　该种药物会产生副作用如炎症、手或脚掌疱疹、皮肤细胞及指纹脱落等。

No. 065: 不留一枚指纹

作战思想：遮盖或暂时擦除指纹。

1：佩戴白色棉布手套。手术手套的内侧可以提取到指纹。

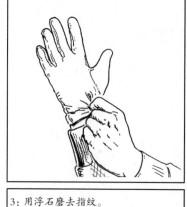

2：将强力胶涂于指尖。

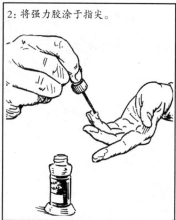

3：用浮石磨去指纹。

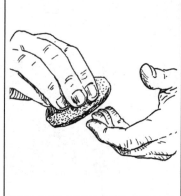

4：服用卡培他滨，利用其副作用使指纹脱落。

本节要点：

除去或盖住指纹通过特定方法可以轻松实现。

066 不留一点电子痕迹

　　不论身处何种环境，最危险的因素也许都莫过于来自多数国家老百姓口袋里的那个设备：可用以追踪目标一举一动的电子"拴绳"——手机。这份不经意间留下的电子剪贴簿也可用于创建详尽的个人档案——不仅银行账户能被轻易获取，就连亲友信息也无法幸免。

　　在某些地区，通讯公司属于国营企业。若身处这些区域，信息安全就显得尤为重要。蜂窝网络中出现的所有外国手机均为外部设备，因此更加易于追踪。特工更愿意在所在国购买预付费的非合约手机而非携带原来使用的手机入境。

　　如果在旅行途中携带了电子设备，特工会屏蔽或完全禁用这些设备，以便对其加以保护。可将手机、平板电脑和笔记本电脑置于由四层铝箔制成的袋子中，屏蔽输入和输出信号。（智能设备会重新定向电池的全部能量用以搜寻信号，因此单层或双层铝箔无法对其进行屏蔽。）箔层必须紧裹住机身，不留任何空隙。

　　一种更为完美的方式则是使用不起眼的保护皮套（如Zero Trace品牌等）。该种皮套按照中情局（CIA）的协定，嵌入了可阻隔所有信号的双层金属面料。

　　许多手机配有小巧的备用电池，以保证手机程序在电源耗尽状态下依然能够运行，因此在缺乏有效屏蔽措施的情况下，唯一途径就是拆除所有电池、卸下所有SIM卡，使手机远离任何安全漏洞。由于部分手机无法做到这一点，故而不携带该设备就成了唯一的选择。

No. 066: 不留一点电子痕迹

作战思想：防止远程监控及追踪。

步骤1：制作一只由四层铝箔制成的袋子，用以屏蔽输入和输出信号。

步骤2：使用屏蔽产品（如零迹牌）阻隔所有输入和输出信号。

步骤3：按下关机键后并不能真正关闭手机——拆除手机、平板电脑和笔记本电脑的所有电池，卸下所有的SIM卡。

步骤4：将手机及其他电子设备留在家中。

本节要点：

没有信号，设备就不会被黑客控制或追踪。

067　骗过面部识别软件

伪造的身份证件能为"凶猛游牧民"提供一层重要的身份掩护，但如果外国政府已将他们视作潜在的安全风险，那么也许相关照片就会出现边境口岸或其他安保级别较高的关卡数据库中。现有的面部识别软件以图像为基础，相对容易规避，因此特工仍能按计划行动。

该技术利用算法，对给定图像数据库中的特定锚点——鼻子、眼睛间距、每只眼睛的大小、颧骨、下巴及耳朵的形状进行比较，重点关注无法轻易改变的、具有鲜明特征的骨突。但如果掩盖或模糊这些锚点，这款软件就会沦为摆设。

超大墨镜与长刘海可用来遮盖前额、眉骨及部分颧骨。拉低帽檐、头部下倾就能将脸隐入阴影之中。微笑能改变眼睛的形状，将肌肉推至颧骨上方，这就是为何许多国家规定在拍摄护照照片时只能摆出中性的面部表情。

拉斯维加斯的赌场常用面部识别技术来防止作弊的赌徒截留数百万美元的收入，在那该项技术是一门不断发展的科学。社交媒体平台已开始使用面部识别技术对图像进行标记与归类，因此这项技术只会变得日益复杂。终有一日，面部识别技术将与异军突起的血管识别技术一道成为一种运转流畅的机制，保卫起自边境口岸、自动取款机至个人家庭、企业等的方方面面。血管识别技术将拍摄人脸形成热像照，以面部静脉及动脉的位置为鉴定依据，人们可耍的花招就会少之又少，但现在这项技术仍存在大量漏洞可被行动特工们利用。

No. 067: 骗过面部识别软件

作战思想：防止被面部识别技术辨认出身份。

1：戴上棒球帽，低下头部。

2：白日里稍作伪装。

3：在数据库中查找通缉照。

本节要点：

一个微笑就能骗过基于骨骼结构鉴定的面部识别软件。

068 骗过指纹扫描软件

指纹识别是生物测定学中使用最为广泛的一种技术手段，其适用范围已从刑事司法系统延伸到了消费类电子产品。从解锁智能手机、授权付款，再到开启防盗门、启动安保系统等，该项技术的应用正在日益普及生活的方方面面。事实上，指纹识别的质量越来越参差不齐，并出现了可为特工及普通罪犯利用的漏洞。

特工常会在尸检时采集指纹，要在爆炸等精心策划的事件发生后进行"战斗损伤评估"，并可能会为了确认目标身份而需要承担起收集其生理特征信息的责任。在这种情况下，特工会采取最为直接的方式：切下目标的大拇指。

不过，采集指纹不一定非得如此暴力血腥。其中一种非暴力的方式需要使用被称为"小熊软糖"的凝胶糖果。小熊软糖具有黏性，能够延展，极易印上指纹。因其稠度与人体组织相似，也能巧妙地骗过质量较差的指纹扫描系统。

廉价扫描仪无法进行深度扫描，因此反向的指纹纹理模式一样能够通过识别——在将指纹印上橡胶熊之时，脊线成了谷线，而谷线却成了脊线。如果遇到更为精密的识别技术，特工就会将弹性橡皮泥与明胶结合，以弹性橡皮泥印模，然后将明胶溶液倒入粘土中，直至明胶凝化。小心地取出凝胶，即可得到纹理相同、印痕深浅一致的复制指纹。

No. 068: 骗过指纹扫描软件

作战思想：为打开目标的保险柜、解锁目标手机及其他上了指纹锁的设备，需要对目标的指纹进行精确复制。

步骤1：将一小块弹性橡皮泥或模塑粘土搓成球状，按压到目标手指上。

步骤2：冷藏或冷冻指模。

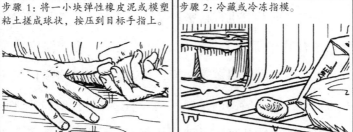

步骤3：调配出超级粘稠的明胶。

步骤4：明胶冷却成厚实的胶状后，放入微波炉中加热融化，随后再次冷却成胶状。重复上述操作，直至明胶内不存在任何气泡，并且胶质厚实、有弹性。

步骤5：一旦明胶具备弹性且不含气泡，再次将其融化，随后趁热将明胶液体注入指纹模具。

步骤6：将模具与明胶放入冰箱。几分钟后，明胶便能硬化成弹性固体。小心剥出明胶，便能得到可用的明胶指尖。

本节要点：

人的指纹独一无二——不过如果稍不留神，谁都可以轻松地复制出你的指纹。

069　快速伪装

在现实世界中执行秘密行动的特工绝不会使用间谍电影及恐怖片中那套老掉牙的自负伪装——躲在浴室中染发，再带上大大的口罩。相反，快速、有效的变身依赖于人的错觉，需要借助的是能欺骗人们感知的把戏而非真正的易容术。仅凭几个道具就能从商人化身为服务人员，改变衣着的色彩就能使自己从目标视线中消失。

特工们会运用监视心理学的实用知识来躲避监视。在监控目标时，监视小组到底会观察什么？他们会将注意力集中到色块而非面部特征或发型上，利用显著的视觉元素来追踪目标的运动轨迹，远距离监视尤是如此。时间一久，目标身着服装的色彩就会在监视小组成员的脑中根深蒂固——他们会不自觉地扫视目标服装的色彩而非其本人。颠覆监视人员预期的一种简单办法就是躲进公共卫生间或试衣间，迅速换上一身色彩不同的衣物。如果进门前是白色上衣配牛仔裤，那么换成黑色上衣搭牛仔裤出门就不会被发现。

另一种操纵监视小组预期的方式是从一开始就选择穿着色彩明亮的衣物。这能使监视小组放松警惕。如果知道自己正在监视一个显眼的目标，他们就会安下心来。而当特工换上一身色彩柔和的衣服从某处停留点出来时，他们就会完全无视他的存在。

No. 069: 快速伪装

作战思想：利用最简单的花招甩掉盯梢。

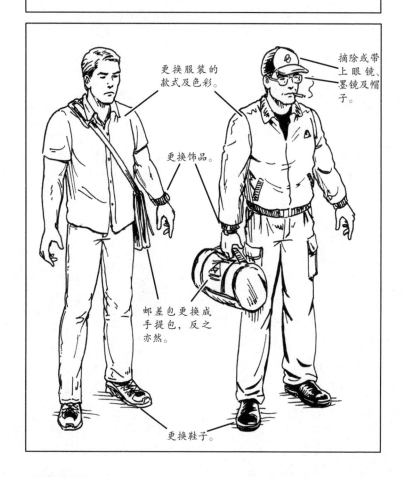

更换服装的款式及色彩。

摘除或带上眼镜、墨镜及帽子。

更换饰品。

邮差包更换成手提包，反之亦然。

更换鞋子。

本节要点：

　　伪装需要合情合理符合实际——你会因佩戴假发或假胡须而被直接送进监狱。

070 绕过警卫犬

"凶猛游牧民"在撰写有关目标家庭或企业的勘察报告时，常会完整描述自己遇见的所有动物。即便是未经训练的犬类，一旦受到惊吓，也会泄露特工所处的位置或使主人意识到情况有异。在制定所有潜入计划时，都应将如何在执行任务时分散宠物或警卫犬的注意力，以及将其制服的措施考虑进去——此外，特工还需警惕街上成群出现的野狗。

杀死警卫犬会留下一连串不必要的证据，因此"游牧民"会采取能暂时使动物失去行动能力或分散其注意力的战术。防犬喷雾与防狼喷雾类似，它能刺激犬类的眼睛，散发出它们极为厌恶的气味。突然喷出的压缩空气（为电子产品除灰的产品）会冻住犬类的鼻子，令其四处寻找避身之所。被压缩成液态储存于罐头之中的氮及其他气体的混合物一旦被释放，温度就会大幅降低；从倒置的易拉罐中喷射出的气体有如液体一般，能瞬间冻结成冰。

尽管母犬的尿液有时难以获取，但它却是分散犬类注意力最有效的工具之一。只要将其喷在犬类脸部或远离入口处，哪怕是训练有素的警犬，也抵挡不住这种气味的诱惑。

No. 070: 绕过警卫犬

作战思想：使警卫犬暂时失去行动能力或分散其注意力。

1：1：1调配的氨/水溶液——喷在犬类面部。

2：压缩空气——用气体键盘清洁剂冻住犬类鼻子。

3：母犬的尿液——喷在犬类脸部或远离入口处。

本节要点：

杀死警卫犬会留下一连串不必要的证据。

071　小心清理潜水面具内的积水

　　有些任务需要复杂的后勤支撑，对于执行这类任务的特工而言，潜水不过是另一种形式的秘密行动——毒枭们利用潜艇在世界各地运送数千公斤的毒品，他们对此再熟悉不过了（警方几乎无法对海底实施监控）。

　　在外海游泳会面临被侦查到的风险，潜水可使特工藏于水下较深处，对船只、桥墩及桥梁发起隐秘攻击。这同时也是一种出人意料的逃生手段。取回藏于预定位置的潜水装备后（参见第51页），"凶猛游牧民"只需猛吸一口气，便可永远消失。

　　潜水具有极大的灵活性，但随之而来的安全隐患同样不小。入水与出水时对后勤的要求较高，而且医疗风险极大，独自潜水时尤是如此。通常情况下，"游牧民"至多只能在水下停留三小时，因此制定战术计划时必须将这一限制考虑在内。

　　尽管潜入水下后，被侦查到的风险会减小，但仓促清理潜水面具时所排出的串串气泡无疑会泄露行踪——人们极易在平静没有一丝波澜的港湾中观察到这些气泡。

No.071: 小心清理潜水面具内的积水

作战思想：小心清理灌入水的潜水面具，避免产生气泡。

步骤1：倾斜头部，使水汇聚到面具底部。

步骤2：用手掌根部挤压面具上方，加强密封效果。

步骤3：另一只手捏住最靠近颧骨及嘴部的面具密封边，拉开一处小口。

步骤4：鼻子缓慢呼气。水通过小口排出，水位开始下降。

步骤5：如有气泡溢出，迅速用手驱散，打破气泡。

本节要点：

　　气泡会形成可被敌人追踪的水上痕迹。绝对不能让气泡升至水面。

第八部分

撤退及逃脱：如何消失

072 制作下降用的安全吊带

若与简易绳索配合使用（参见第226页），由单人床单制成的下降吊带便能帮助快速、安全逃生。对特工而言，这也是从建筑物外墙进入目标房间的工具。任务完成后，特工消失不见，床单随之丢弃——这种毫无个性特色、完全无迹可寻的人造产品或可以顺手取自酒店客房，或可以以假名购入手中。

特大号床单制成的下降吊带完全可供成人使用，而标准尺寸床单则只能制成儿童版的下降吊带。1英寸宽的尼龙带、加固带、家具套及商业建筑中所使用的塑料布等材料也能制作出类似工具。下降吊带为绳降法提供了一层额外的重要安全保障，万一特工未能抓住绳索，它也能确保其不会因此丧命。下降吊带相对安全、可靠，不出三分钟即可制作完成，并具有三处"故障点"；只要与简易绳索固定在一起，重力及张力就能确保若其中一点出现故障，其他两处依旧可以承重。

绳结牢固、绳长适度是保证下降装置安全的关键。绳索若是太长就起不到下降吊带的作用。万一绳索脱手，下降吊带应能保证"游牧民"可以从离地几英尺处"弹起"（就仿佛他身上系的是蹦极绳）。制作绳索时，可参照一层楼使用一张床单的原则。

相关技能：

高楼逃生，参见第226页。

No. 072: 制作下降用的安全吊带

作战思想：利用床单制作简易下降吊带。

步骤 1：特大号床单制成的下降吊带的长度能满足成人使用所需。

步骤 2：沿对角线对折并卷起床单。

步骤 3：用平结将绳卷两端系在一起。在地板上将绳环摆成三角形。

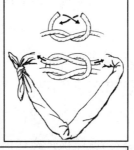

步骤 4：跨坐在绳环上，三角形的尖角向前。

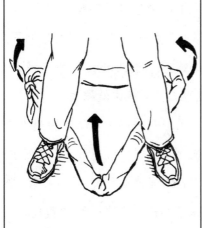

步骤 5：从两腿间及腰的两侧拉起下降吊带。

本节要点：

通常一张床单能承受住几百磅的体重。

073　高楼逃生

大银幕上的动作英雄们利用各色颇具未来感的负压装置与绳降激光切割技术在摩天大楼表面飞檐走壁。然而，在现实世界中执行秘密行动时，特工们借以逃出多层建筑的工具可要简陋得多：一张普通的床单。不论是火场逃生还是逃离劫持或犯罪现场，掌握了用床单制成结实绳索的技巧就能保证在任何情况下均可迅速撤出多层建筑。以高密度棉布制成的床单在强度上甚至超过了某些绳索。有时候简易材料比市面同类产品更为有效，这些床单就是例证：一张床单能承受住几百磅的体重。（织物的经纬密度越大，抗张强度越大；而抗张强度越大，承重也就越大。）

入住酒店时，要选择大床房——特大号床单能提供更多材料，也就是说绳长更长。入住之后致电前台，要求加送几条床单，为可能需要实施的绳降备足绳索。单层的楼高约为10英尺，而特大号床单的长度应能达到12英尺。

在不考虑抗张强度的情况下，绳索的结实程度与其所绑定的固定桩息息相关。所选的固定桩应为永久固定于墙面的物体，面积超过窗口大小或重量大于下降者的体重——床、暖气片、大型梳妆台或书桌以及沉重的沙发都是不错的选择。若无法找到这些物品，楔进紧闭房门背后的椅子效果也不错。

以平结将床单系到一起，拉伸之后这种绳结会系得更紧。至少应在绳结末端留出6英寸~1英尺的长度。火灾逃生时，应首先打湿床单再进行打结，同时要确保固定桩并非高度易燃物。为提高安全性，可配合简易下降吊带使用（第223页）。

No. 073: 高楼逃生

作战思想: 利用床单爬下多层建筑。

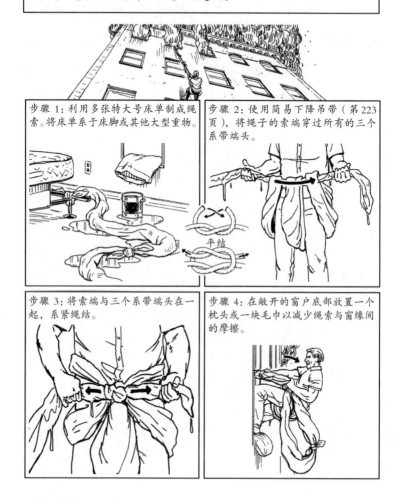

步骤 1: 利用多张特大号床单制成绳索。将床单系于床脚或其他大型重物。

平结

步骤 2: 使用简易下降吊带 (第 223 页), 将绳子的索端穿过所有的三个系带端头。

步骤 3: 将索端与三个系带端头在一起, 系紧绳结。

步骤 4: 在敞开的窗户底部放置一个枕头或一块毛巾以减少绳索与窗缘间的摩擦。

本节要点:

一张特大号床单可实现12英尺的绳降。

074　溺水逃生

一旦在敌对领土被捕，特工的生存几率就会变得极低。等待他的不是审判，而是"人间蒸发"——这就是为何特工会接受在手脚被缚、无法解脱的状态下进行水、陆逃生的训练。即便敌人缚住特工的手足，将其抛入外海任其溺亡，训练有素的特工依然能借助一些技巧，延长自己的生存时间，直至被人发现或游至岸边。

说到水下自救，控制呼吸是生存的关键。只要肺部充满气体，人体就能浮于水面。因此，深呼吸与快速呼气十分关键。在淡水中更难获得浮力，但也并非无法实现。恐慌会引发换气过度，是求生的首要大忌。

加在躯体上的束缚以及身体的姿势都可能会造成呼吸困难，不过对"游牧民"而言，调整姿势不在话下。在浅水区，可采用下沉、反弹的方式（如图）游向岸边，以足部蹬向海底或湖底，借力反弹至水面呼吸。

脸部向下时，不论是处于漂浮状态，还是向后踢水游向岸边，特工都应挺胸后仰，以便将头探出水面。

若是身处波涛汹涌的海面，这么做也许无法使其头部抬出水面。相反，完全转身后就可以进行深呼吸，然后继续前行。

No. 074: 溺水逃生

作战思想：避免在手脚被缚、投入深水时溺水而亡。

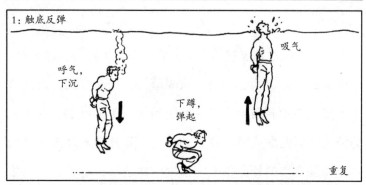

1：触底反弹

呼气，下沉

吸气

下蹲，弹起

重复

2：漂浮

呼气

吸气

曲起膝盖

踢腿 挺胸后仰

重复

3：前进

呼气

吸气

曲起膝盖

向后踢腿

伸直后背，向前推进

重复

4：转身

吸气

呼气

翻身

重复

本节要点：

必须进行防止溺亡的练习，但切不可单独练习。

075 后备箱逃生

　　"凶猛游牧民"在执行任务时常会潜入处于战乱或政治危机的国家或其附近区域,因此极易遭遇绑架勒索——有时是敌人为了阻挠其完成任务而有意为之,有时仅仅是因为在错误的时间出现在了错误的地点。行走在不稳定地区的游客们也正面临着同样的风险。

　　旅行者行程中最易预测的安全薄弱环节便是其一天之中离开与回到酒店的时刻——不过,也可能在遭遇有预谋的车祸后被绑架。绑匪常采用下列诡计在路上俘获目标:

　　追尾:袭击者追尾目标所乘车辆。目标在下车查看车辆损坏状况时,突然被虏至另一辆车的后备箱。

　　施以援手:袭击者上演了一出遭遇车祸或车辆发生故障的戏码。目标停车施以援手,却发现自己被虏至另一辆车的后备箱。

　　设置陷阱:绑匪跟踪目标至其家中。当目标将车开入车道,等待大门开启时,袭击者将车停在目标车辆后方或挡在其车前。目标发觉时已被虏至另一辆车的后备箱。

　　不论采取何种方式,目标最终均会被监禁。花些时间去了解车辆后备箱的相关操作，掌握其薄弱之处以及破解之道使自己逃脱困境。若被锁于后备箱内，要试图使自己被关进车厢时的姿势能够够到逃生工具。

No. 075: 后备箱逃生

作战思想：从锁住的后备箱中紧急逃生。

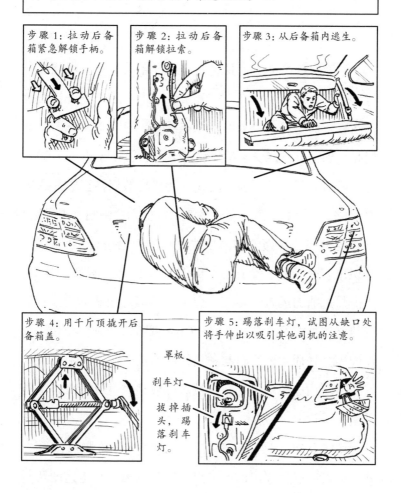

步骤1：拉动后备箱紧急解锁手柄。

步骤2：拉动后备箱解锁拉索。

步骤3：从后备箱内逃生。

步骤4：用千斤顶撬开后备箱盖。

步骤5：踢落刹车灯，试图从缺口处将手伸出以吸引其他司机的注意。

罩板

刹车灯

拔掉插头，踢落刹车灯。

本节要点：

绑匪最爱将人质关在后备箱中。

076　制定逃生线路

　　尽管隐秘的逃生工具组是任务准备中的重要组成部分（参见第22页），但逃生时最重要的工具并非万能开锁器或指南针，而是精心策划的逃生路线。一旦出现意外，特工们必须确保自己能安全撤出秘密潜入的任务区域。

　　规划主要及备用逃生路线需要付出数周甚至数月的努力，并需要特工掌握多领域的知识。他们会细细排查道路，以确定最快、最谨慎的逃生线路。同时会进行全面研究，辨识出安全及不安全地区，并且假设自己会面临被跟踪、伏击与追捕的风险。特工们会寻找最不可能被第三方所留意的路线或是死角以及关卡或咽喉要道出现较少的路线。他们还会打通主要线路与备用线路，编织出一张由二级分支线路所构成的网络，一旦被跟踪或遇到意外路障，也能迅速遁入其中。

　　路线确定之后，特工就需要找好临时落脚点或藏身处——可以昼伏夜出的停靠点。在对距离、行走速度及周边物资的供给情况进行详细计算之后，他们会在逃生路线沿线的预设位置准备大量食物、水及生命所需补给。有条件下还可能会在中转点藏好备用车辆，以便甩掉可能存在的盯梢。另外还会设定集合点，并在此处与已知的同僚交接情报或其他有价值的物件。

特工的工具袋中备有一只已设置密码的GPS，他们会将逃生线路载入其中。这份线路图能为任务的完成提供有效保障。路线越复杂，细节越充分越好——紧急撤退与众多其他领域一样，对细节的研究与关注胜于蛮力，它甚至能帮助特工战胜装备最为精良的追兵。

No. 076: 制定逃生线路

作战思想: 制定逃生线路以免被俘。

步骤1: 调研可将运动轨迹分解为集合点、暂时落脚点、交通工具(徒步至车辆再至公共交通)以及临时住所或藏身处的逃生路径。

步骤2: 设计首要及备用逃生线路。

(单处或多处) 出发地

(单处或多处) 目的地

(单处或多处) 集合点(沿途可与人碰面的预定位置)

(单处或多处) 可前往的区域(安全区域, 如同像家中、医院、已知的偏远处所)

(单处或多处) 不可前往的区域(不安全区域, 如治安不好的社区、无法获取食物和水等生活必需品的地方)

(单处或多处) 咽喉要道(可能遭遇伏击的地方)

交叉水域

城镇

燃料、水和食物

(单处或多处) 地形协会标记(能帮助你判断所处位置的地面位置或物体, 如水塔等)

步骤3: 在逃生线路沿途藏好生活必需储备。

步骤4: 将线路图与停留点载入私人GPS。

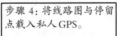

步骤5: 设置密码保护, 将GPS藏入工具袋内。

本节要点:

清理行动区域是执行任务的过程中不可或缺的一部分。

077 J型转向（甩尾掉头）

大银幕上的特工常常冲破路障、飞车下桥，并能在高速公路上逆向行驶。而在现实生活中，特工很少会使用这些炫酷的车技。多数情况下，将紧张的局势升级为飞车追逐大戏会成为战术上的灾难；若非必要，采取极其引人注目的举动只能让对手寻到借口对特工穷追不舍。

不过有时，能否恰当使用闪避技术也就意味着究竟是能完成任务，还是最终身陷囹圄——这就是为何"游牧民"常会在行动前，在废弃的停车场或人迹罕至的乡间小路预演这类场景。

J型转向、180度前转或"制后轮急转弯"能使"游牧民"在双向车道上迅速改变车辆行驶的方向转入另一车道。要正确进行J型转向，必须首先对车辆的制动系统了如指掌。未经练习，绝对不能在身处危机时进行这项操作。

协调拉起或放下紧急制动器的动作对操控车辆来说至关重要，要通过"锁住"后制动器保持对车辆的控制。避免使用脚制动器，这样可以防止前轮滑行或打滑，并通过防止装有发动机的沉重车头下降或"下沉"——此举可防止车辆打转同时也避免能量的损失。

打方向盘时必须迅速并且有力。车辆完全转过180度时，将左脚从紧急制动器上抬起，右脚踩下油门。为防止轮胎滚出轮辋，要确保胎压不应超过最大压力范围5~10磅力/平方英寸。因为每辆车的情况不同，重心偏高的车辆，如卡车或SUV在进行该项操作时必须大幅降低车速。即便司机训练有素，可一旦车速超过每小时35英里就可能导致翻车，应避免这种情况的发生。

No. 077: J型转向（甩尾掉头）

作战思想：在窄路上迅速掉头。

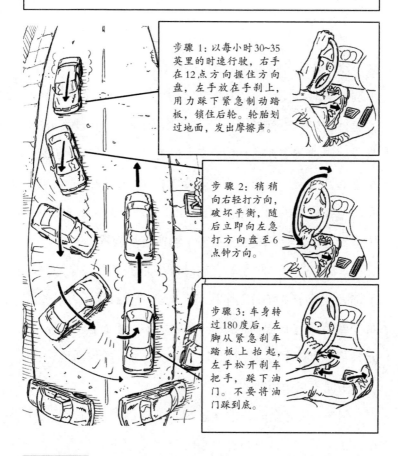

步骤 1：以每小时30~35英里的时速行驶，右手在12点方向握住方向盘，左手放在手刹上，用力踩下紧急制动踏板，锁住后轮。轮胎划过地面，发出摩擦声。

步骤 2：稍稍向右轻打方向，破坏平衡，随后立即向左急打方向盘至6点钟方向。

步骤 3：车身转过180度后，左脚从紧急刹车踏板上抬起，左手松开刹车把手，踩下油门。不要将油门踩到底。

本节要点：

利用90度或180度转向，摆脱他人追踪的驾车技巧能增加成功逃脱的几率。

078　180度掉头

分秒必争之际，繁冗的掉头过程绝非特工的最佳选择。车辆掉头时难免会落入耗时的三步程序；如果车辆正处于高速行驶中，还有可能造成轮胎因压上路牙而爆胎或偏离路线。遭遇袭击时，180度掉头最为省时，但只有在极为紧急的情况下才可出此下策；驾驶技术极其娴熟的司机在面对迫在眉睫的致命危险时才可进行180度掉头。如果操作不当，就会翻车或永久损害车辆的传动装置。

车辆掉头时，时速不应超过每小时30英里。紧急制动系统必须处于良好的工作状态，安全带也必须系好。为了减少摩擦最好在湿滑的地面掉头，但不论处于何种环境，此举都会使车辆承受超出其设计的压力。换句话说，180度掉头时不可掉以轻心。

倒车：从完全静止的状态起步，挂倒挡，倒行至三个车身长度处。车速维持在每小时25英里以下。

打方向：挂空挡，松油门，以最快速度向左打死方向盘。

稳住方向盘：稳住方向，直至车辆完成180度转弯。不可踩下刹车。

加速：回正方向盘，加速冲过袭击者。

注意：如果道路不够宽，无法掉头逃脱，就以回转的方式倒车，这样可以妨碍袭击者瞄准。

No. 078: 180度掉头

作战思想：掌握重要的防御性驾驶逃生技巧。

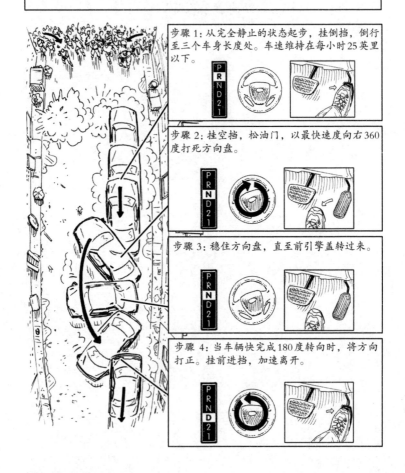

步骤1：从完全静止的状态起步，挂倒挡，倒行至三个车身长度处。车速维持在每小时25英里以下。

步骤2：挂空挡，松油门，以最快速度向右360度打死方向盘。

步骤3：稳住方向盘，直至前引擎盖转过来。

步骤4：当车辆快完成180度转向时，将方向打正。挂前进挡，加速离开。

本节要点：

180度转向是掉头逃跑的最快方式。

079　在撞车时存活下来

　　由于特工倾向于使用风险极高的防御性及进攻性驾驶技术，其遭遇车祸的概率也要高于常人。不论车祸的起因是飞车脱险还是寻常因由，事先做好准备，采取正确姿势，才能在事故中生存下来，并将撞击带给身体的冲击力减到最小，这些技巧也同样适用于所有遭遇车祸的普通人。

　　在车祸中存活下来的这项能力貌似更符合防御性知识而非"致命"技能的范畴。面对意外或遭遇袭击时，自保才是完成任务的关键。为了保证自己有能力取人性命，"凶猛游牧民"必须先保证自己性命无忧。

　　驾驶员最常用的一种打方向盘的姿势，即在12点钟方向单手握住方向盘最为危险。如果在撞车时采取这种姿势，弹出的安全气囊绝对会将特工的前臂猛推向其脸部。采取正确的方式转动方向盘（如图）既能防止自己的一排牙齿被前臂打落，又不会折断大拇指。

　　对乘客而言，撞车之际，采取抱紧防撞姿势是一项可以救命的简单技能，此举能大大减少脊柱及大脑受损的风险。（安全带可以充分固定肩膀和臀部，却无法阻止头部因撞击产生的冲力向前撞去。）曾有一架小型飞机发生了坠机事故。飞机撞上一棵树时，乘客均在熟睡中。16名乘客中只有一名清醒过来的乘客在撞击时采取了抱紧防撞的姿势，他成了唯一的生还者。

　　然而如果要使用车辆实现诸如精准截停术这类有预谋的撞击，就要拆下安全气囊，以免其对逃脱造成妨碍。

No. 079: 在撞车时存活下来

作战思想：采取正确步骤，在撞车引发的冲击力中存活下来。

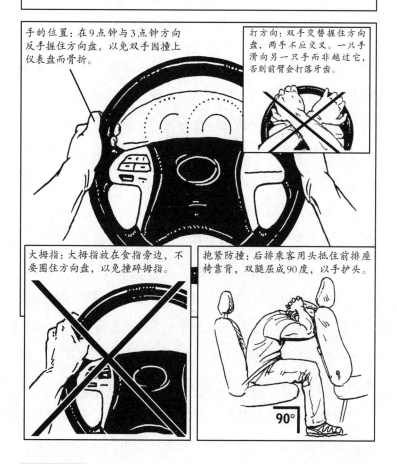

手的位置：在9点钟与3点钟方向反手握住方向盘，以免双手因撞上仪表盘而骨折。

打方向：双手交替握住方向盘，两手不应交叉。一只手滑向另一只手而非越过它，否则前臂会打落牙齿。

大拇指：大拇指放在食指旁边，不要圈住方向盘，以免撞碎拇指。

抱紧防撞：后排乘客用头抵住前排座椅靠背，双腿屈成90度，以手护头。

90°

本节要点：

小小一辆车由万千颗螺丝组装而成。可只要一个恶徒，就能将这些螺丝撞得满地都是。

080 冲破两车形成的关卡

关卡或路障在世界多地随处可见。外国政府依靠这些来阻止犯罪或恐怖分子的叛乱，入夜后尤是如此——但这同时也是恶徒们依靠浓重夜色的掩护，设立虚假关卡的黄金时段。要判断此处究竟是政府设立的合法关卡，还是恐怖分子设下的诡计，此举关乎生死，并极度依赖直觉与瞬间做出的决定。如果"凶猛游牧民"认定敌人在此恶意设卡，首先就应判断自己能否悄悄避过此处，绕开路障。如若不行，冲破路障也许就是最佳选择。

许多检查关卡会以两车相夹，只留一条狭窄的缝隙；一名守卫拦下司机，进行盘问，而另一人仍然留在障碍车辆中，待被拦截车辆被放行之时，向后倒车让出通道。如果撞击的位置恰当，很容易就能叫障碍车辆"让路"。以每小时10~20英里的速度行驶的大型车辆所带来的冲击力可以不费吹灰之力便迫使障碍车辆让出道路，而撞击者驾驶的车辆仅会受到较小的伤害。

要以顶开障碍车而非撞毁它为目的。如果特工以高速公路限定的时速行驶，就需要大幅减速或在"顶"开障碍车辆前先踩刹车。撞出可供一辆车通行的宽度即可。控制撞击的角度，使车辆右前角或左前角撞向障碍车的前轴，这样能够保护水箱及发动机组件（如图）。若车辆损坏严重，逃生的可能性就会大打折扣。

No. 080: 冲破两车形成的关卡

作战思想: 安全驶过敌方所设的路障。

步骤 1: 在距关卡约一个车身的位置停车, 车辆位于道路正中。

障碍车的前轮轴

步骤 2: 当站在街头的守卫靠近驾驶座时, 踩下油门, 车辆前挡板对准一辆障碍车的前轴。

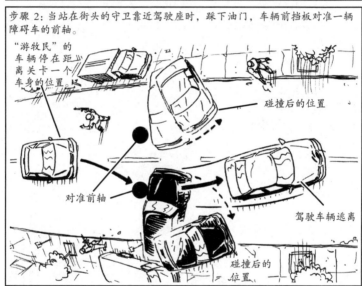

"游牧民"的车辆停在距离关卡一个车身的位置。

碰撞后的位置

对准前轴

驾驶车辆逃离

碰撞后的位置

本节要点:

只有在面对行动与被捕或死亡之间的抉择时, 再选择冲撞路障。

081 躲过伏击

最大的危险潜伏于何处？"凶猛游牧民"也好，普通大众也罢，明枪易躲，暗箭难防——这就是为何暴力袭击者常会自隐蔽处出手，神不知鬼不觉地发起快速攻击，杀得对方措手不及。从茂密的灌木丛到荒凉的十字路口与黑暗的角落，袭击者会选择能够快速进攻、完成任务并且不会引起任何潜在第三方警觉的伏击点。

特工们心里清楚，防范针对性伏击的最好方式就是不断改变路线与习惯。经常走不同的路线上下班或更改出门的时间。罪犯及绑匪常会事先踩点，并且会围绕目标出行线路中的安全漏洞策划袭击。应对方法就是令他们无法预测自己的行踪，因而无从下手。

下意识地时刻留意可能的伏击地点与袭击场景。寻找那些荒凉之地、道路狭窄的咽喉要道及所有能为潜在攻击提供掩护的建筑或地标。如果可能的话，设计好路线，绕开所有潜在的伏击点。完全避开威胁是使对方埋伏落空的最简单的办法。

如果特工无法绕开或预见到某一潜在伏击点，就应在接近该处时加快速度。驾车时一踩油门冲过伏击点，在攻击者有机会动手前，驶回较为热闹的道路。

袭击者指望目标因措手不及而败下阵来。如果能预测袭击者的一举一动，便能先下手为强——尽管也许见不到他们的真面目，但这是瓦解袭击者主要优势之一的有效方法。

No. 081: 躲过伏击

作战思想：了解并辨识出伏击点（画上叉），绕道而行。

步骤 1：识别可快速发起隐秘突袭的地点。

步骤 2：安排好有可能画叉位置附近的行走路线及通过时间。

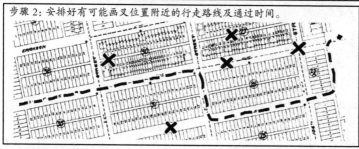

步骤 3：如果此处非走不可呢？保持警惕，快速通过伏击区，准备好撤退策略。

本节要点：

　　如果失去了出其不意的优势，伏击就与普通战斗无异。

从绑匪手中逃出生天

遭遇绑架时，有句老话颇为实用："永远不要被袭击者带走。"但有时，特工会面临寡不敌众、自身火力过弱或头部遭遇重创的情况。他试图逃走、企图藏匿并会奋力搏斗。已经走投无路时，只好暂时向绑匪低头，唯有这样才能避免遭受严重的人身伤害或面临更为糟糕的境地。

暂时这个词很关键。"凶猛游牧民"之所以会投降，不过是为了求生临时做戏罢了。

082　摆好姿势，准备挣脱

扩大空间。这是所有逃生计划的核心座右铭，从被俘那一刻便开始要发挥作用。

归根结底，能否挣脱手部的束缚与手腕及手掌摆放的位置有关。并拢拇指，分开双掌（如图）——这样能绷紧腕部肌肉，扩大手腕处的空间。将双掌贴合于拇指处，以此在营造出手掌紧贴这一假象的同时，在手腕内侧留出相当大的空隙。

绑匪在实施绑架、施以酷刑时，常将受害人捆在椅子上。他们可以借椅子束缚住受害者的四肢——不过，受害人一样能依靠它绷紧身体，抵抗挣脱。被绑缚时，应通过深呼吸来扩大胸围，拱起后腰，尽量伸直手臂与膝盖，并将双脚移至椅腿外。绑匪离开房间后，即可将身体缩回至原来的正常状态，这样有助于创造出空隙。

如果被缚以绳索或链条，就尝试着将一段绳或链攥在手心（如图），这样便可以隐蔽地缓解捆绑的松紧程度。

No. 082: 摆好姿势，准备挣脱

作战思想：摆出适当姿势，增加逃生机会。

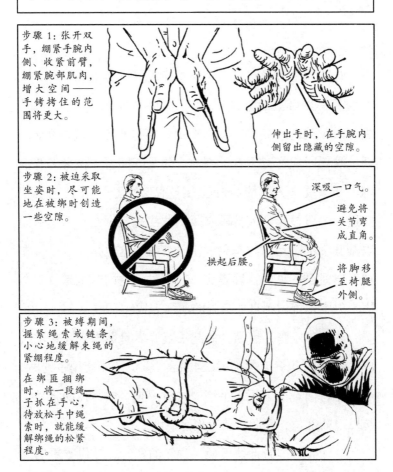

步骤1：张开双手，绷紧手腕内侧、收紧前臂，绷紧腕部肌肉，增大空间——手铐拷住的范围将更大。

伸出手时，在手腕内侧留出隐藏的空隙。

步骤2：被迫采取坐姿时，尽可能地在被绑时创造一些空隙。

深吸一口气。

避免将关节弯成直角。

拱起后腰。

将脚移至椅腿外侧。

步骤3：被缚期间，握紧绳索或链条，小心地缓解束绳的紧绷程度。

在绑匪捆绑时，将一段绳子抓在手心，待放松手中绳索时，就能缓解绑绳的松紧程度。

本节要点：

  在绑匪进行捆绑时，应尽量扩大被绑的空间；随后缩起身体创造空隙，以便逃脱。

083　将反绑的双手移回胸前

有必要再次强调，不论要想挣脱何种类型的捆绑，被俘的那一刻都最为关键——特工们在暂时表现出"屈服"之态时，就已经在尽其所能地做好逃跑准备。如果可能的话，被俘时应将双手置于胸前。要是绑匪愿以该种姿势捆绑人质，受害人就能为自己省下不少气力。（执法人员都知道，制服被羁押人员最有效的方式是反绑其双手，从而限制其手部活动，防止犯人挣脱束缚。这也是斗争中及扣押人质时最常见的捆绑姿势——不过，这同时也是特工们用来经常训练做到自如挣脱的捆绑方式。）

被绑时应张开手掌，曲起手腕，尽量留出空隙，增大成功挣脱的几率（参见第254页）。应在绑匪使用手铐时，小心地将前臂向下压入手铐。这样一来，被铐住的将是手腕以上的部位，因此能获得更多空隙。

一旦双手被铐且处于无人看守的状态，就应查看捆绑的方式，确定挣脱之计。如果双手被缚于身后，则可沿着腰将双手移至身体一侧，随后低头查看，或利用身边任何的反射面（窗或镜）进行观察。查看腕间的束缚物类型，确定好最佳行动方案之后再将反绑的双手移回至胸前——特工们可不想在遭遇敌人时虽然双手解放，脑子却一片空白。

No. 083: 将反绑的双手移回胸前

作战思想：将被缚的双手由背后移至胸前。

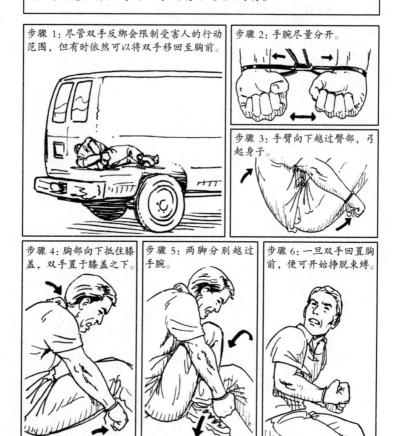

步骤1：尽管双手反绑会限制受害人的行动范围，但有时依然可以将双手移回至胸前。

步骤2：手腕尽量分开。

步骤3：手臂向下越过臀部，弓起身子。

步骤4：胸部向下抵住膝盖，双手置于膝盖之下。

步骤5：两脚分别越过手腕。

步骤6：一旦双手回置胸前，便可开始挣脱束缚。

本节要点：

　　如果不清楚被捆的方式，挣脱的难度就会增加。尽量将双手移至胸前，提高成功逃脱的几率。

084　解开手铐

挣脱捆绑这项技术与魔术、犯罪诡计及防御性作战技能之间存在相似之处，其水平的高下取决于人质对特定捆绑工具结构的理解。凭借一根（预先藏于腰带中的）普通发夹，再花上一些时间，付出一些耐心，任何人最终都能解开手铐，如果该手铐的结构极其普通，那便更是如此（见图）。

如果无法从手铐中挣脱出来，还可以尝试下列几种打开手铐的方式：挑、拨、撬。

挑：若想挑开一副常见的手铐，需要将发夹一端插入锁孔，将其拨向腕部，直至探至棘轮罩。拉起发夹，解开手铐。

拨：最简单的开手铐法。将发夹或类似的薄片工具塞进手铐棘轮与咬齿之间。下压薄片时，手铐会暂时加紧，但最终咬齿将与棘轮分离（与破坏拉链的方式类似）。薄片被压至足够深处后，向上拉拽就能开锁。

撬：如果被铐于车内，可以利用安全带锁舌分离锁梁与铐环。

No.084: 解开手铐

作战思想：用破坏性或非破坏性技巧打开手铐。

步骤1：了解手铐结构。

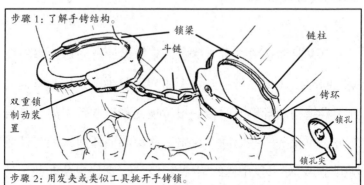

锁梁
斗链
链柱
铐环
锁孔
锁孔尖
双重锁制动装置

步骤2：用发夹或类似工具挑开手铐锁。

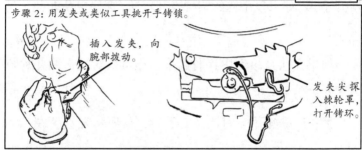

插入发夹，向腕部拨动。

发夹尖探入棘轮罩，打开铐环。

步骤3：用发夹或类似工具拨开手铐锁。

将发夹插入棘轮与咬齿之间。

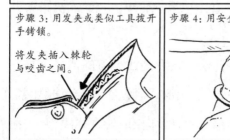

步骤4：用安全带锁舌撬开手铐。

插入安全带锁舌，左右旋转。

破坏链柱。

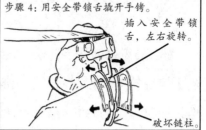

本节要点：

多数普通手铐都很容易打开。

085　挣脱扎线带

简单、有效、轻巧的扎线带为罪犯提供了一种捆绑受害人的好办法。最初设计扎线带的目的是将电缆和电线捆扎在一起。扎线带设计有止退功能，一旦扣上，便只能在剪断后才能取下。然而，扎线带与手铐、胶带和其他捆绑工具相同，自有其破解法门。

扎线带由塑料制成，因而会在反复摩擦下受到磨损。利用煤渣砖、砖块或水泥墙就能很快将其磨断，但若找不到粗糙的物体表面，利用发夹或类似工具也能轻松解开扎线带的结扣。

No. 085: 挣脱扎线带

作战思想：利用发夹挣脱扎线带的束缚。

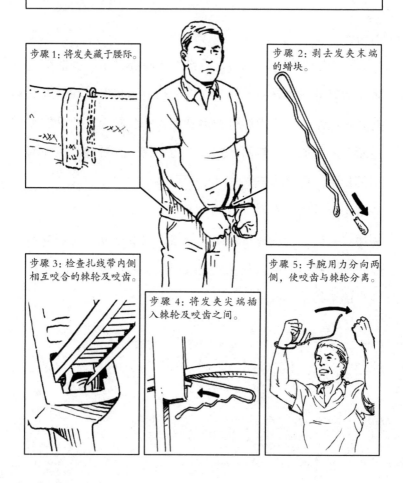

步骤1：将发夹藏于腰际。

步骤2：剥去发夹末端的蜡块。

步骤3：检查扎线带内侧相互咬合的棘轮及咬齿。

步骤4：将发夹尖端插入棘轮及咬齿之间。

步骤5：手腕用力分向两侧，使咬齿与棘轮分离。

本节要点：

在用以捆绑人质的工具中，扎线带的使用率仅次于强力胶带。

086 挣脱强力胶带

强力胶带因用途广泛、结实耐用而闻名，常用以完成学校任务、固定撞坏的保险杠及进行家居装饰。强力胶带通常也是绑匪捆绑人质的首选工具——它极易获取、经济实惠，而且使用起来快捷方便。一旦受害人被转移至他处，绑匪就可能会将强力胶带升级为扎线带、手铐或尼龙绳；这类捆绑方式较为耗时，若需打结便更是如此，因此绑匪通常在绑架成功后才会加以使用。届时，他们有更多时间将受害人五花大绑。因此，绑架的最初阶段寻求逃脱方法就显得极为重要。

想要挣脱强力胶带或捆包带似乎是天方夜谭，当受害者被多层胶带缚住手脚时更是难上加难。但受害人若能巧妙利用身体，便能挣脱胶带的束缚。

强力胶带与其他类型的布基胶带可能要比装运胶带更易撕裂，因为后者一旦被拧成团，就会硬化成一堆扯不断的硬塑料。对付所有胶带的关键在于一气呵成的快速动作，要借助突然起势的冲力而非肌肉的力量扯断胶带。特工或是通过突然下蹲来挣脱脚踝处的束缚，或是趁着胳膊猛击胸部之际来摆脱手腕上的限制。瞬间爆发的动作会扯断胶带，而非将其揉成无法挣脱的结实一团。

No. 086: 挣脱强力胶带

作战思想: 借助体重挣脱强力胶带的束缚。

步骤1: 站姿应为脚尖外分, 形成"V字"。

步骤2: 快速下蹲, 直至臀部触及足跟。脚踝处的胶带将应声而裂。

步骤3: 将双手从背后移至胸前。(参见第256页)

步骤4: 向前伸展被缚的双手, 双臂与肩同高。两肘向外撑至胸腔外侧。腕部胶带应声断裂。

步骤5: 趁绑匪停车之际, 立即从车辆后门逃离。

本节要点:

强力胶带是绑匪在绑架初期最常用的捆绑工具。

最后的要点

在这个意外威胁不断变化的世界，一支由受过训练的百姓所组成的隐形部队就是一个维护稳定与安全的强大武器。这便是书中所列各项技能背后所蕴含的核心思想。危机袭来之时，只需一些基本知识就能将幸存者与受害者区分开来，并且凸显出头脑冷静的领导者，会带领一群很可能成为受害者的恐慌群众前往安全之处。

换句话说，这本书真正目的并非要使读者变得更加危险。相反，它能帮助其步入更为安全的境地。

掌握了书中所列各项技能的人就会清楚如何从袭击者的角度来思考问题，因而便能抢先他们一步，避免成为他人的猎物。但是，除能掌握任何一项特定技能外，真正令幸存者有别于受害者的则是即兴发挥的精神，以及以对各类威胁的警觉为特征的"凶猛游牧民"式的思维模式。

为了保护任务的完整性，特种部队的世界从开始就必须保持着神秘感，无法昭示于人前。本书并未泄露任何可被他人用来颠覆公共利益的战术机密。相反，却能确确实实帮助普通人培养起了解各种威胁、保护自己免受其害的能力。

危险已在当今现实中日益常见，而这种现实极有可能成为一种新的常态。

致　谢

我深深地感谢所有在本书的出版过程中伸出过援手的人们。

H. K. 梅尔顿（H. K. Melton）是最初酝酿本书的专家与策划者。他对所有令人毛骨悚然的事情都怀有极大的热情，而且自己也拥有成功出版书籍的经验。正是他一步步地指引我走上了书籍出版的道路。

丹·曼德尔（Dan Mandel）是我的著作代理人。他这个人既能说服北极熊购买冰块，也敢向忍者投掷星形飞镖。这个无所不能的家伙帮助我搞定了许多麻烦。

萨凡纳（Savannah）是我的代笔人，或者更恰当地说，是这本书真正的作者。我俩共进行了数百小时的长途电话，她尽可能从我的记忆中拽出一些可以写进书里的信息。如果没有萨凡纳，没有她超凡的耐心、本领与勤奋，也许这本书永远也无法与读者见面。

泰德·斯兰姆帕克（Ted Slampyak）是系列热播剧《绝命毒师》的分镜绘图师，也为本书配了插画。他的创作能力无人能及，如果没有他的加入，这本书绝不可能拥有现在的成就。他是真正的专业人士，也是插画界的大师。

我的编辑马修·本杰明（Matthew Benjamin）痞子气十

足，俏皮话连连，浑身拥有使不完的精力。如果没有他的指导、耐心与丰富经验，这本书也无法迎来自己的生命。

五角大楼的审稿专家们带着这本书走过一个个机构，历经了一个复杂的评审流程。他们代表着一种宝贵的体系，我相信，所有正在伏案写作以及曾经出版过军旅书籍的作家都很欢迎这种体系。我仅以个人的名义，感谢他们所付出的时间和精力。

术语表

　　身兼军事行动与情报工作的"凶猛游牧民"们生活在一个充满首字母缩略词与代码的世界之中。下面是书中常见的一些术语：

　　行动区域（Area of Operation）：特工将前往某一国家或地区执行任务。

　　本节要点（BLUF）：为凸显结论与建议，将其置于文章开头而非文章结尾的一种写作手法（为Bottom Line Up Front缩写形式）。

　　步骤（COA）：行动步骤（为Courses of Action缩写形式）。

　　作战思想（CONOP）：行动理念（为Concept of Operation缩写形式）。

　　扰乱设备（Diversionary Device）：可以制造爆炸或视觉障碍，从而牵制敌军、协助特工潜入或逃离目标区域的一种设备。

　　随身装备包（EDC Kit）："凶猛游牧民"随身携带的维持生命及自卫工具包（为Every Day Carry kit缩写形式）。

　　直升机空降（Helo Casting）：从直升机上空降至行动区域。

　　简易武器（Improvised Weapons）：用手边现成的材

料制成的武器。

计步（Pace Counting）：如果周围环境没有明显特色，计算步数不失为一种导航的辅助手段。

精准截停术（PIT）：用以截停危险目标车辆的技术。该技术可能会带来致命性的后果（为 The Precision Immobilization Technique 缩写形式）。

暗室（Room Hide）：特工可以躲在其中监视目标而又不被人察觉的临时暗房。

Tails：不会将信息存至云端或用户硬盘的匿名操作系统。

TEDD 原则：即时间、环境、距离与行为（Time, Environment, Distance, and Demeanor）。这是特工用以确认反伪装及跟踪措施的原则。

Tor：防止第三方追踪到互联网用户位置的匿名网络。

参考资料

逃生／安全措施

- 100deadlyskills.com.
- Escape the Wolf, www.escapethewolf.com: The author's corporate security and crisis solutions firm.
- *Emergency: This Book Will Save Your Life* by Neil Strauss
- *Surviving a Disaster: Evacuation Strategies and Emergency Kits for Staying Alive* by Tony Nester
- *When All Hell Breaks Loose: Stuff You Need to Survive When Disaster Strikes* by Cody Lundin
- *Build the Perfect Survival Kit* by John D. McCann
- *SAS Survival Handbook: How to Survive in the Wild, in Any Climate, on Land or at Sea* by John Lofty Wiseman
- Wired Magazine's Danger Room, http://www.wired.com/dangerroom/: Covers security-related tech developments.
- Door Devil, http://www.doordevil.com/: Sells doorway reinforcement kits that can actually prevent home invasions.

撬锁技术

- *Visual Guide to Lock Picking*, 3rd ed., by Mark McCloud
- *How to Open Locks with Improvised Tools: Practical, Non-Destructive Ways of Getting Back into Just About Everything*

When You Lose Your Keys by Hans Conkel

· *The Complete Guide to Lock Picking* by Eddie The Wire

军事

· *My Share of the Task: A Memoir* by General Stanley McChrystal

· *Lone Survivor: The Eyewitness Account of Operation Redwing and the Lost Heroes of SEAL Team 10* by Marcus Luttrell

· *Ghost Wars: The Secret History of the CIA, Afghanistan, and Bin Laden, from the Soviet Invasion to September 10, 2001* by Steven Coll

· *The Complete Guide to Navy SEAL Fitness*, 3rd ed., by Stewart Smith

· *Get Selected for Special Forces* by Major Joseph J. Martin with Master Sergeant Rex Dodson

· Sofrep (the Special Operations Forces Situations Report), http://sofrep.com/: Provides breaking news and opinion on all matters related to the special operations forces of the United States military.

思维模式

· *On Combat: The Psychology and Physiology of Deadly Conflict in War and in Peace* by Dave Grossman with Loren W. Christensen

- *On Killing: The Psychological Cost of Learning to Kill in War and Society* by Dave Grossman
- *Sharpening the Warrior's Edge: The Psychology & Science of Training* by Bruce K. Siddle
- *Gates of Fire: An Epic Novel of the Battle of Thermopylae* by Steven Pressfield
- *Atlas Shrugged* by Ayn Rand
- Gym Jones, https://www.gymjones.com/: The website of this hardcore training gym features online training packages.

攀岩/登山

- *Kiss or Kill: Confessions of a Serial Climber* by Mark Twight
- *Extreme Alpinism: Climbing Light, Fast and High* by Mark Twight
- *The Complete Guide to Climbing and Mountaineering* by Pete Hill
- Urban Climbing, http://urban-climbing.com/: Find resources, tips, and videos on rock climbing and urban structural climbing.

导航/追踪

- *Ranger Handbook* by Ranger Training Brigade, US Pentagon
- *U.S. Army Map Reading and Land Navigation Handbook* by Department of the Army
- *The SAS Tracking & Navigation Handbook* by Neil Wilson

准备 / 生存技能

- Benchmade, http://www.benchmade.com/: Sells top-of-the-line survival knives for outdoor enthusiasts and well-prepared citizens.

- County Comm, http://www.countycomm.com/: Sells overstocks of tactical and outdoor gear manufactured for governmental agencies.

- Huckberry, https://www.huckberry.com: High-end, stylish gear for urban adventurers.

- Imminent Threat Solutions, http://www.itstactical.com/: Sells military-grade gear ranging from trauma and survival kits to lock-picking and escape tools.

- MOTUS, http://motusworld.com/: Articles and resources for civilians ready to take their survival skills to the next level.

- Shomer-Tec, http://www.shomer-tec.com: Sells the surveillance and security equipment used by police officers and members of the military.

间谍秘籍

- *Spycraft: The Secret History of the CIA's Spytechs, from Communism to Al-Qaeda* by Robert Wallace and H. Keith Melton

- *The Official CIA Manual of Trickery and Deception* by H. Keith Melton and Robert Wallace

- Spy Coins, http://www.spy-coins.com/: Sells hollow coins and dead-drop devices for camouflaging microchips and sensitive documents.

- Survival Resources, http://survivalresources.com: Sells a wide variety of emergency-preparedness and survival gear and supplies.

其他杂项

- Tactical Distributors, http://www.tacticaldistributors.com/: Provides high-end tactical apparel and gear.

- Trikos International, http://trikos.com/: Provides of top-of-the-line personal protection canines, trained by the same methodology as the dogs that serve alongside Navy SEALs.

- The U.S. State Department's International Travel Guidelines, http://travel.state.gov/content/passports/english/country.html: Source for up-to-date security alerts and country-specific safety advisories for international travelers.

- Aircraft Owners and Pilots Association, http://flighttraining. aopa.org/learntofly/: Find piloting courses near you.

- Wingsuit Flying, http://www.wingsuitfly.com/: Learn more about wingsuit flying and find out where to get trained.

出版后记

无论是人流密集的公众场所、幽晦曲折的街角暗巷，还是安保严密的个人住宅或酒店会所，危险可能总是不期而至，潜伏隐藏在某个角落。我们无法对所有危急意外情况都做出预先判断，但从知识储备和猎奇心理的角度，《特工训练手册》这本书绝对可以满足读者的需求。

作者克林特·埃默森曾隶属美国海军海豹突击队第三分队和第六分队，在美国国家安全局也有过丰富的工作经验。本书即他在执行特殊任务过程中的实用技能汇编，包括应急工具准备、基础设施安全、监视与侦察、防身作战与紧急脱险等。这些技能均具备一定的防御能力，毕竟身在特殊情境中，特工们必须保持高度警惕的状态，这种思维模式使得普通人同样可以养成面对非常情况时迅速反应的能力习惯。除此之外，读者还可以从中学会适应一般人很难察觉的潜在风险，培养复杂的风险评估及分析能力。

最为有趣的是，书中提出了一个不为常人所知的观点：秘密特工们的装备并不像影视或文学作品中所展示得炫酷光鲜，可能与大众想象中的相去甚远。他们更喜欢就地取材，制作"技术含量极低"甚至"毫无技术含量"的工具。

比如，你能想象几本书就能制成一件结实的防弹衣吗？或者，毫不起眼、看似无害的雨伞下还有可能隐藏着用来行凶的铅管？

本书的目的是传授在最危急情况下可以派上用场的求生知识，希望读者在享受阅读乐趣之余，能够学会判断危险，化险为夷。

作者简介

克林特·埃默森（Clint Emerson）是前美国海豹突击队精英队员，在役的二十年间曾隶属海豹突击队第三分队、美国国家安全局（NSA）及资历显赫的海豹突击队第六分队，前往世界各地执行特殊任务。随后他汇集并总结在执行任务过程中所发展的实用自卫技巧，形成了自成一体的"凶猛游牧民"训练——一种可供人应付各种攻击或危险的非动能擒拿（击杀）术。

译者简介

诸葛雯，杭州电子科技大学外国语学院教师。人事部二级口译，笔译证书持有者。长期从事儿童绘本及人文科普类书籍的翻译工作。译作有《腐败：人性与文化》《大战女巫黑泽尔》《货币危机》《云端的员工：互联时代的用人模式与新商业生活》及迈克尔·福尔曼系列绘本等。

图书在版编目（CIP）数据

特工训练手册：危急时刻如何绝处逢生／（美）克林特·埃默森著；诸葛雯译. -- 北京：九州出版社，2020.11（2021.12重印）

ISBN 978-7-5108-9544-9

Ⅰ.①特… Ⅱ.①克… ②诸… Ⅲ.①安全教育－手册 Ⅳ.①X956-62

中国版本图书馆CIP数据核字（2020）第176012号

100 DEADLY SKILLS: THE SEAL OPERATIVE'S GUIDE by Clint Emerson

Copyright © 2015 by Escape the Wolf, LLC

All Rights Reserved.

Published by arrangement with the original publisher, Atria Books, a Division of Simon & Schuster, Inc.

著作权合同登记号：01-2020-6208

特工训练手册

作　　者	［美］克林特·埃默森 著　诸葛雯 译
责任编辑	李文君
封面设计	墨白空间·张静涵
出版发行	九州出版社
地　　址	北京市西城区阜外大街甲35号（100037）
发行电话	（010）68992190/3/5/6
网　　址	www.jiuzhoupress.com
印　　刷	嘉业印刷（天津）有限公司
开　　本	889毫米×1194毫米　32开
印　　张	9
字　　数	149千字
版　　次	2020年11月第1版
印　　次	2021年12月第8次印刷
书　　号	ISBN 978-7-5108-9544-9
定　　价	39.80元